KB150399

비욘드 워러

누구를 위한 물관리인가?

비욘드 워러

누구를 위한 물관리인가?

한국수자원학회 지음

REYOND WATER

교문사

물관리의 미래,
위기에서 기회를 찾자!

물관리의 어려움이 갈수록 커지고 있다. 지구온난화에 따른 기후 변화는 전 세계적으로 과거에 비해 더 큰 규모의 태풍과 집중호우를 가져오고 있으며, 다른 한쪽에서는 물 부족과 산불, 폭염 등으로 고통받고 있다. 우리나라도 유사하게 도시침수와 하천 범람, 심각한 가뭄 피해를 겪고 있다. 우리가 먹고, 마시고, 사용하는 수돗물에 대한 불신은 높아만 간다. 낙동강 페놀사태를 기점으로 수돗물에 대한 신뢰는 낮아지기 시작했고, 수질에 대한 불신을 키워준 일련의 사건들은 국민들의 마음을 정수기와 생수로 돌리게 했다. 더욱이 4대강 사업으로 유발된 사회적 갈등은 물의 정치화를 부추겼으며, 물관리 일원화라는 결과로 이어졌다. 이제는 기존과는 완전히 다른 체계의 물관리가 추진되고 있으며, 아직도 어떤 모습으로 마무리될지 아무도 알 수 없는 상황 속에서 진행되고 있다. 이 때문인지 현재의 물관리 체계 및 방향이 적절한지에 대한 우려와 걱정의 목소리도 갈수록 커지고 있다. 수량과 수질 관리를 담당하는 부처 간 물리적인 통합이 치수, 이수, 생태, 환경, 친수 등 다양한 물관리의 영역을 고르게 포용할 수 있느냐에 대한 의문이 여전하다.

　물관리의 어려움은 우리나라만의 문제는 아니다. 하지만 이런 물의 위기에 접근하는 방식은 우리와 외국이 많이 다르다. 우리나라가 아직도 물관리를 갈등과 대립, 조정 등의 틀 속에서만 바라보고 있다면, 외국은 기후 변화에 대한 선제적인 대응, 하천 공간의 다양한 활용, 이치수를 위한 첨단기술의 개발 및 적용, 노후 인프라의 개선 등에 적극적으로 나서고 있다. 이 책은 이러한 상황을 객관적으로 파악하고 필요한 사항들을 준비하자는 취지에서 시작됐다. 물의 위기가 무엇인지를 살펴보고, 주변 환경의 변화에 어떻게 대비할지 고민하면서 앞으로의 물관리 방안을 제시하려 했다. 길지 않은 시간 동안 진행된 프로젝트이기에 원래 생각했던 내용 중 담지 못한 부분들이 적지 않다. 이런 아쉬움은 추후 다양한 방법을 통해 만회하겠다고 약속드린다.

　이 책의 출판은 많은 분의 참여로 가능했다. 우선 집필에 참여해주신 한국수자원학회 온라인홍보위원회 위원분들에게 감사드린다. 서경대학교 안재현 교수님을 비롯한 ㈜이산 박진원 상무님, 국토연구원 이상은 센터장님, ㈜부린 송주일 소장님의 적극적인 참여로 이 책이 완성될 수 있었다. 또한 두꺼운 분량의 원고를 처음부터 끝까지 꼼꼼히 감수해 주신 윤용남 한국수자원학회 원로회의 의장님께 깊은 감사를 드린다. 집필진이 미처 생각하지 못한 부분들을 세심하게 지적해주신 덕분에 더 나은 결과물이 나올 수 있었다. 이 책의 출판을 지원해주신 ㈜교문사 류원식 대표님과 편집을 진행해 준 성혜진 과장님께도 감사드린다.

이 책을 통해 물의 위기를 인지하고 환경 변화를 살펴보면서, 미래지향적인 물관리를 다 같이 고민하고 준비할 수 있는 계기가 제공되길 기대한다.

한국수자원학회 회장 배덕효

차례

2부
변화에 대비하라
우리는 이미 길을 알고 있다

누구를 위한 물관리인가?

물관리 체계가 바뀌었다

2018년 6월 물관리기본법이 제정되고, 정부조직법이 개정되면서 물관리가 환경부로 일원화됐다. 2022년부터는 국토교통부에 남아 있던 하천관리도 환경부로 이관된다. 국토교통부의 수량과 하천관리 기능이 완전히 환경부로 넘어가면서, 수량과 수질의 통합관리가 본격적으로 시작된다. 물관리가 기존과는 전혀 다른 체계로 진행되는 것이다.

물의 위기는 갈수록 더해지고 있다. 2020년 미국의 허리케인 발생 수는 기존 기록을 경신했으며, 캘리포니아의 가뭄은 수년째 지속된다. 중국에서는 싼샤댐이 무너질 수도 있다는 이야기가 나올 정도로 많은 비가 내렸다.

우리나라도 예외는 아니었다. 2020년 여름 집중호우는 섬진강댐과 용담댐 등 주요 댐에서 비상방류를 해야 하는 상황까지 이르렀으며, 이로 인한 하류 지역의 피해는 컸다. 가뭄도 2000년대 이후 주기적으로 발생하고 있다. 태백시나 속초시 등은 제한급수가 실시되어 물 부족으로 고통을 겪었으며, 2015년에는 수도권에서도 물 부족에 대한 우려가 고조된 바 있다.

바뀌게 되는 물관리 체계가 이런 위기를 효율적으로 대처할 수 있어야 한다. 단순히 수량과 수질의 통합관리라는 관점이 아닌, 치수, 이수, 생태, 환경, 친수 등 물관리의 모든 면을 종합적으로 바라보고 진행되어야 한다.

국민의 신뢰가 필요하다

이제는 더 이상 수돗물을 직접 음용하지 않는다. 식수로서의 수돗물 위상은 추락한 지 오래다. 수돗물의 공급은 우리가 수인성 전염병의 위험에서 벗어나고 쾌적한 환경을 누릴 수 있게 해주었다. 하지만 더 높은 수준의 깨끗한 물을 원하는 국민의 눈높이를 맞추지 못하면서 정수기와 생수에게 식수의 자리를 내주었다.

그럼에도 불구하고 계속되는 수돗물 관련 사고들은 국민들의 신뢰가 더 떨어지게 했다. 2019년과 2020년 연이어 발생한 인천 지역의 붉은 수돗물과 '깔따구'라는 유충의 검출은 불안감을 증폭시켰다. 노후 수도관의 문제이기에 수도관을 전폭 교체한다는 후속대책이 이어졌지만 수돗물에 대한 신뢰는 이미 땅에 떨어진 후였다.

이러한 불신을 다시 회복하기 위해서는 많은 노력이 필요하다. 하지만 문제가 생기고 여론이 들끓은 후에 진행되는 대책들은 오히려 역효과만 줄 뿐이다. 발생 가능한 모든 상황에 대해 사전에 대비하고 필요한 조치들을 강구해야 한다. 그러려면 계속되는 관측과 분석, 관련 연구가 필수적이다. 여기에 최신의 첨단 기법들도 적용되고 활용돼야 한다.

국민을 위한 안전한 물관리가 요구된다

1970년대 국가 경제발전의 중심축이었던 댐의 위상은 1990년대 들어 생태계 파괴의 환경문제를 만들어낸다는 시민환경단체들의 주장에 부딪쳐 급격히 낮아진다. 여기에 일방적인 정부 주도로 진행된 4대강 사업의 영향은 물관리를 기술이 아니 정치의 영역으로 변하게 했다. 특히 문재인 정부가 출범하면서 물관리의 주체와 체계가 큰 폭으로 바뀌었다. 아직도 그 과정은 진행 중이다.

물관리기본법의 목적은 '국민의 삶의 질 향상에 이바지함'이다. 결국 물관리는 국민에게 도움이 되는 것이 궁극적인 목적이다. 국민들이 원하는 물관리는 물 문제에 대해 걱정하지 않아도 되는 물관리일 것이다. 책에서 언급한 홍수와 가뭄과 같은 풍수해, 수질이 악화된 수생태계, 믿지 못할 수돗물 등 모두가 우려하는 물과 관련된 문제로부터 안전할 수 있는 물관리를 바랄 뿐이다.

이 책의 구성

이 책에서는 현재 우리에게 닥친 물과 관련된 위기와 변화를 알아보고 앞으로의 대책을 살펴보고자 했다. 이를 위해 이 책의 내용을 '1부 위기를 직시하라', '2부 변화에 대비하라', '3부 물! 그 이상을 생각하자'의 총 3부로 구성했다.

1부에서는 현재 물의 위기를 직시하고자 했다. 1장에서는 기후 변화로 인해 뜨거워지는 바다와 그로 인한 빈번한 태풍의 발생, 여기에 도시화로 가중되는 침수피해 등을 국내외의 사례들을 들면서 설명했다. 2장에서는 물 부족으로 예상되는 피해와 미국 등의 상황을 예로 들면서 그 심각함을 논하고자 했다. 3장에서는 왜 이제는 수돗물을 직접 음용하지 않게 되었는지를 설명하면서 갈수록 신뢰를 잃어가는 수돗물의 현재 위상을 살펴봤다. 4장에서는 물관리 여건에 영향을 준 사건들을 언급하면서 갈수록 정치화되는 상황을 공유하고자 했다.

2부에서는 기후와 우리 사회, 수질 및 국민의식 등 물관리 여건 변화에 따른 현실적인 다양한 문제점들을 우선적으로 살펴봤다. 그리고 이러한 변화에 그동안 우리가 접근했던 방식으로부터 앞으로는 어떻게 대비해 갈 것인지에 대해 방향을 제시하고자 했다.

3부에서는 미래지향적인 물관리 방안에 대해 제시하고자 했다. 1부와 2부에서 설명된 현재의 위기와 앞으로의 변화에 대비하면서 국민을 위한 물관리가 무엇인지에 대해 고민했다. 도시 및 환경과 조화되는 정책, 국토의 여건 변화에 맞는 정책, 하천공간의 활용, 물관리시설의 관리, 탄소중립에의 기여, 국민을 위한 물관리 등을 통해 앞으로의 물관리 방향을 제안하려 했다.

이 책에서 언급한 위기, 변화, 대책들을 통해 독자들이 현재의 물관리 상황을 이해하는 데 도움을 주면서, 미래지향적인 국민을 위한 물관리가 이루어지는 데 일부라도 기여할 수 있기를 바란다.

집필진 일동

위기를
직시하라

BEYOND
WATER

물의 위기는 이제 우리의 일상이 됐다

1부에서는 기후 변화, 도시화, 물의 정치화 등 이제는 일상이 되어버린 물의 위기에 대해 살펴본다. 태풍과 집중호우로 인한 홍수피해는 더 넓은 지역에서 더 강하게 발생하며, 가뭄으로 인한 물 부족은 우리의 대응 한계를 넘어설 수 있다. 여기에 수돗물에 대한 불신과 물에 대한 논란은 기술이 아닌 마케팅과 정치의 영역까지 확대되고 있다. 이러한 위기 상황을 제대로 볼 수 있어야 미래를 위한 해결방안도 함께 고민할 수 있다.

1장

풍수해가
더
빈번해진다

01

큰 태풍이
자주 온다

바닷물 온도의 영향

2017년 개통된 서울양양고속도로로 인해 강원도 속초를 방문할 기회가 많아졌다. 자동차로 4~5시간 소요되던 이동시간이 2시간 30분 정도로 단축되어, 아침 일찍 서울을 출발해서 속초 바닷가를 즐기고 점심까지 먹은 후 돌아와도 하루면 충분한 상황이 되었다. 심지어 서울특별시 속초구라는 말이 생기기도 했다.

속초는 여름 휴가철에 많이 방문하기도 하지만 요즘은 겨울철이 더 각광받는다. 다양한 먹거리가 겨울에 더 많기도 하고, 상

서울과 속초의 2012~2020년 월평균 기온 비교

연도	월	기온(℃) 서울	속초	연도	월	기온(℃) 서울	속초	연도	월	기온(℃) 서울	속초
2012	1	-2.8	-0.4	2015	1	-0.9	1.8	2018	1	-4.0	-1.4
	2	-2.0	0.1		2	1.0	2.4		2	-1.6	-0.5
	3	5.1	5.3		3	6.3	6.6		3	8.1	8.0
	4	12.3	12.1		4	13.3	11.1		4	13.0	13.0
	5	19.7	16.4		5	18.9	17.8		5	18.2	15.9
	6	24.1	19.8		6	23.6	19.5		6	23.1	21.3
	7	25.4	23.9		7	25.8	22.7		7	27.8	25.0
	8	27.1	24.4		8	26.3	24.2		8	28.8	25.6
	9	21.0	19.6		9	22.4	19.1		9	21.5	20.0
	10	15.3	15.8		10	15.5	14.7		10	13.1	13.5
	11	5.5	7.6		11	8.9	8.4		11	7.8	9.2
	12	-4.1	-0.5		12	1.6	3.0		12	-0.6	1.6
2013	1	-3.4	-0.8	2016	1	-3.2	-1.2	2019	1	-0.9	1.7
	2	-1.2	1.3		2	0.2	0.8		2	1.0	2.5
	3	5.1	6.3		3	7.0	7.0		3	7.1	8.2
	4	10.0	10.3		4	14.1	12.6		4	12.1	11.9
	5	18.2	16.9		5	19.6	17.2		5	19.4	19.8
	6	24.4	20.4		6	23.6	20.6		6	22.5	20.0
	7	25.5	25.6		7	26.2	22.9		7	25.9	24.7
	8	27.7	27.4		8	28.0	25.5		8	27.2	25.7
	9	21.8	20.3		9	23.1	20.4		9	22.6	20.9
	10	15.8	15.7		10	16.1	15.3		10	16.4	16.1
	11	6.2	8.4		11	6.8	8.4		11	7.6	9.4
	12	-0.2	2.7		12	1.2	4.4		12	1.4	4.2
2014	1	-0.7	1.9	2017	1	-1.8	0.8	2020	1	1.6	3.4
	2	1.9	1.0		2	-0.2	3.0		2	2.5	4.1
	3	7.9	7.9		3	6.3	7.0		3	7.7	7.9
	4	14.0	13.3		4	13.9	14.8		4	11.1	11.3
	5	18.9	18.1		5	19.5	18.7		5	18.0	17.1
	6	23.1	19.9		6	23.3	19.8		6	23.9	22.2
	7	26.1	25.1		7	26.9	25.6		7	24.1	21.6
	8	25.2	23.5		8	25.9	23.7		8	26.5	25.7
	9	22.1	20.6		9	22.1	20.8		9	21.4	20.1
	10	15.6	15.8		10	16.4	14.5		10	14.3	14.3
	11	9.0	10.2		11	5.6	7.8		11	8.0	10.0
	12	-2.9	0.6		12	-1.9	0.7		12	-0.3	1.8

속초 기온이 서울보다 높았던 월을 노란색으로 표시했다.

대적으로 서울보다 더 따뜻한 기온 때문이기도 하다. 속초의 위도는 38.12°로 37.33°인 서울보다 더 높다. 북반구에서는 위도가 더 높으면 적도에서 더 멀어지기 때문에 기온이 낮아져야 하는 것이 상식이다. 그런데 속초의 겨울 기온은 서울보다 높아서 따뜻하다.

2019년 11월 속초의 기온은 9.4℃로, 7.6℃인 서울보다 높았다. 12월 4.2℃와 1.4℃, 2020년 1월 3.4℃와 1.6℃, 2월 4.1℃와 2.5℃, 3월 7.9℃와 7.7℃, 4월 11.3℃와 11.1℃를 기록했다. 2010년 이후만 살펴봐도 대략 10~11월 정도부터 다음 해 3~4월 정도까지의 속초 기온이 서울보다 높았다.

속초의 겨울이 서울보다 더 따뜻한 이유는 복합적이지만, 주된 것은 해수온도의 변화가 육지보다 늦기 때문이다. 여름철에 덥게 데워진 바다가 서서히 식으면서 주변 기온에 영향을 주는데, 속초는 동해에 인접해 있기 때문에 그 영향을 직접 받고 있다. 그래서 겨울에는 따뜻하고, 여름에는 시원한 기온이 나타난다.

지구온난화로 지구의 온도가 높아지면서 갈수록 더워지고 있다. 지구온난화는 바닷물의 온도도 상승시킨다. 이러한 해수온도의 상승이 속초에 따뜻한 겨울을 제공하는 것으로 그친다면 걱정할 이유가 없겠지만, 우리에게 큰 재해를 가져다 줄 태풍의 영향 또한 더욱 커지게 한다.

태풍이 온다

2012년이 시작되자마자 20대 초반의 스웨덴 여성과 사랑에 빠진 적이 있었다. 150cm를 겨우 넘는 키에 빼빼 마른 몸매로 여성다움이라고는 찾아볼 수 없는 용 문신을 한 여인을. 사회 부적응자로 낙인 찍혀 성인이 되었는데도 국가의 관리를 받고 있고, 잘하는 것은 남의 뒷조사와 컴퓨터 해킹인 여인.

소설과 영화 속 인물일 뿐이니 오해는 마시길. 그녀의 이름은 '리스베트'. 2012년 1월 개봉한 영화 〈밀레니엄 : 여자를 증오한 남자들〉에 등장하는 여주인공이다. 원작이 전 세계적으로 큰 히트를 친 유명한 작품이라는 이야기를 미리 들었지만 읽지 못하고 영화를 먼저 보았다. 영화를 재미있게 본 직후 원작을 구입하기 위해 온라인 서점을 방문했다. 그런데 놀라운 소식은 저자인 '스티그 라르손'은 심장마비로 사망했고, 그가 원래 계획했던 10부작의 소설 중 3부작만 출판됐다는 것이다. 잡지사 편집장이던 그는 40대 후반의 나이에 노후 대비 차원에서 자신을 모델로 한 '미카엘 블롬크비스크'를 주인공으로 총 10부작의 소설을 계획한다. 이 중 3부작의 원고를 먼저 집필해서 출판사로 넘긴 후 갑작스럽게 심장마비로 사망한 것이다.

그의 사후에 출판된 『여자를 증오한 남자들』, 『불을 가지고 노는 소녀』, 『벌집을 발로 찬 소녀』 3부작은 소설의 읽는 재미와 사회에 대한 비판을 동시에 충족하면서 엄청난 반향을 일으키게

된다. 특히 새로운 성격의 매혹
적인 남녀 주인공의 등장은 스
웨덴은 물론 전 세계에서 베스
트셀러가 되는 데 큰 역할을
했다.

밀레니엄 시리즈의 2부인
『불을 가지고 노는 소녀(2011)』
는 '리스베트'가 스웨덴을 떠
나 전 세계 이곳저곳을 여행하
면서 시작된다. 카리브해 남부
의 '그레나다(Grenada)'에 도착
한 후 한적한 그랜드안세(Grand

밀레니엄 시리즈의 2부인 『불을 가지고 노는
소녀』

Anse) 해변에 매료된 그녀는 그곳에서 7주를 머문다. 그때 브라질
앞바다에서 발생한 대형 허리케인 '마틸다(matilda)'가 리스베트가
머문 지역에 상륙한다. 토네이도를 동반한 엄청난 규모의 허리케
인이라 모두들 호텔 지하실로 대피하는데, 리스베트는 위험을 무
릅쓰고 현지인 친구를 구해서 돌아온다.

이때 그녀의 옆방에 묵고 있던 미국인 포브스 부부를 해변에
서 발견하는데, 아내의 재산을 노린 남편이 허리케인 쪽으로 아
내를 끌고 가고 있었다. 돌풍을 뚫고 그들에게 다가간 리스베트는
의자 다리로 남편을 내리친 후 아내를 구해 온다. 뒤에 남은 남편
은 허리케인으로 인한 토네이도에 휩쓸려 날아간 후 600m 떨어

열대성 저기압의 지역별 이름. 태풍, 허리케인, 사이클론, 윌리윌리

진 곳에서 시체로 발견된다. 허리케인의 규모가 크고 사망자도 속출하기에, 일부러 그때를 노린 남편이 아내와 함께 여행을 와서는 그런 범죄를 시도한 것이다. 계획은 거의 성공할 뻔 했지만 리스베트로 인해 오히려 자신이 희생자가 되고 만다.

'마틸다'는 소설에서 그레나다에 발생했던 허리케인의 이름이다. 우리가 통상 태풍이라고 하는 열대성 저기압은 지역에 따라 다르게 불린다. 대서양의 카리브해 주변에서 발생하는 열대성 저기압은 '허리케인(hurricane)'이라 불리며, 북태평양에서 발생하면 '태풍(颱風, typhoon)'이다. 인도양이나 남태평양에서 발생하는 열대성 저기압은 '사이클론(cyclone)'이라 불린다. 또한 호주 북부지역에서 발생하는 것은 '윌리윌리(willy-willy)'라고 한다. 따라서 '마틸다'는 카리브해에서 발생했기에 허리케인이다.

열대성 저기압은 주로 적도 부근에서 발생하는 거대한 수분

덩어리로 강력한 바람과 큰 비를 동반한다. 바다의 수온이 올라가서 충분한 에너지가 있으면 수분이 증발되고 이때 에너지도 잠열(latent heat) 형태로 함께 공급된다. 수온이 낮을 경우(보통 26.5℃ 이하)에는 열대성 저기압이 생기지 않는다. 따라서 여름철 높은 온도가 유지되면서 바다에 에너지가 충분히 쌓이게 되면 열대성 저기압이 생성된다. 태풍의 경우 북서태평양에서 시작해서 동아시아로 올라오는데 수온이 높으면 그 세력이 계속 유지되면서 올라오고, 낮으면 약해지면서 올라온다. 육지에 상륙하면 에너지 공급원이 없어지므로 자연스레 소멸된다.

최근에 많이 발생하는 극한 기상현상들의 원인으로 지구온난화를 지목하는 사람들이 많다. 여름철 폭염이 심해지고 기온이 상승하면 바다의 수온도 올라가면서 태풍이 북상할 때 필요한 에너지의 공급이 계속되기 때문에 우리나라에 영향을 주는 태풍의 규모나 강도는 더 커질 수 있다. 또한 고온의 바다 수온이 늦게까지 유지되면서 보통 9월 말이면 끝나는 태풍의 발생이 그 이후까지 지속될 수 있다. 특히 10월이나 11월까지도 태풍이 발생해서 피해를 줄 수 있다. 필리핀에서는 2013년 11월 6일 태풍 '하이옌(haiyan)'으로 약 8,000여 명의 사망, 실종자가 발생한 바 있으며, 2020년 11월 11일에도 태풍 '밤꼬(vamco)'로 인해 약 50여 명이 희생되었다.

더 뜨거워지는 바다

2021년 1월 신문에 흥미로운 기사가 실렸다. 〈한겨레신문〉에 따르면 「〈가디언〉은 대기과학 분야 전문지인 〈대기과학의 발전(Advances in Atmospheric Sciences)〉에 실린 미국 세인트토머스대학 연구진의 분석을 인용해 "2020년 전 세계 바닷물 온도가 역사상 기록적으로 더운 수준에 도달했다"며 "과학자들은 바다가 지난 2000년 동안 그 어느 때보다 빠르게 가열되고 있다고 말한다"고 전했다. 바닷물 온도는 앞서 2019년에도 관측 사상 최고치로 집계된 바 있다. 바닷물 온도가 가장 높았던 5년은 모두 2015년 이후 기간에 속한다」라고 보도했다.

바닷물이 뜨거워지면 그 열로 인해 바닷물이 팽창하고 이는 해수면 상승으로 인한 해안가 범람의 위험을 높인다. 또한 따뜻

뜨거워지는 지구를 아이스크림이 녹고 있는 모습으로 형상화한 그림

위성에서 촬영한 태풍의 모습

한 바다는 풍부한 에너지를 열대성 저기압에 제공함으로써 더 강력한 태풍이나 허리케인이 발생한다. 태풍의 영향을 받는 지역에서는 큰 홍수가 발생하지만 반대로 다른 지역은 가뭄, 산불, 폭염 등의 재해가 생긴다.

앞으로 우리나라에 영향을 주는 태풍의 강도가 더 커지면서 더 늦게까지 더 자주 발생할 수 있다. 아니 발생할 것이다. 따라서 갈수록 태풍으로 인한 재해 우려도 높아질 것이다. 우리가 풍수해에 대응하는 데 더 힘들어질 수밖에 없다.

도시지역
침수피해

기후특성의 변화

　초등학교 시절부터 중·고등학교까지 지리와 관련된 과목에서 항상 앞부분에 있었던 우리나라 기후에 대한 설명 중에 사계절이 뚜렷한 온대성 기후라는 내용은 지금도 머릿속에 남아 있다. 그래서인지 '우리나라는 사계절이 뚜렷한 나라야!'라는 생각을 무의식적으로 하게 된다. 만물이 소생하는 봄(3~5월), 뜨거운 태양과 푸름이 가득한 여름(6~8월), 수확의 계절인 가을(9~11월), 하얀 눈이 덮인 추운 겨울(12~2월)은 대략 3개월씩의 기간 동안 우리 곁에 머문다고 생각했다.

하지만 이제는 봄과 가을은 짧아지고, 여름과 겨울은 길어진 계절의 변화를 체감하며 살아간다. 추운 겨울을 뒤로 하고 성큼 와야 할 봄은 4월이나 되어야 시작하는 것 같고, 5월이면 벌써 더운 여름이 된다. 5월의 신록을 느낄 때쯤이면 여름의 한 가운데에 들어간 것 같은 느낌이다. 9월인데도 여름의 끝은 오지 않는 것 같다가 10월이 돼서야 가을이 시작되지만 짧은 만추를 제대로 즐기기도 전에 추운 겨울이 시작된다. 무언가 달라진 것이다.

우리나라 기후의 또 다른 특징은 장마다. 동아시아 지역의 여름 몬순(monsoon) 기후의 대표적인 현상으로, 통상 6월 말부터 7월 중후반까지 약 한 달 정도의 기간 동안 많은 비를 내린다. 통상 연 강수량의 30% 정도를 차지한다.

여기에 더해서 8월부터 시작해서 9월 말이나 10월 초까지 지속적으로 발생하는 태풍도 우리나라 기후의 대표적 현상이다. 적도 인근의 열대 바다에서 발생하는 열대성 저기압인 태풍은 여름철 뜨거운 바다의 에너지를 받아 강한 바람과 큰 비를 동반하여 이동하면서 많은 피해를 일으킨다.

장마와 태풍도 예전과는 다르다. 6월이나 7월의 장마가 아닌, 5월이나 8월의 장마도 빈번하다. 10월 말의 태풍이나 심지어 11월의 태풍도 심심찮게 우리나라 쪽으로 올라온다. 이제는 1년의 절반 정도는 큰 비가 올 수 있는 기후가 된 것 같다. 그래서 우리나라는 더 이상 온대성 몬순 기후가 아니라는 주장도 나온다. 장마

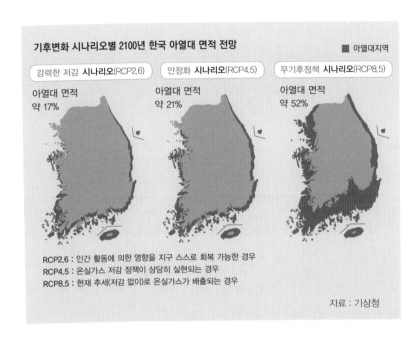

기후변화 시나리오별 2100년 한국 아열대 면적 전망

■ 아열대지역

강력한 저감 **시나리오**(RCP2.6)

아열대 면적
약 17%

안정화 **시나리오**(RCP4.5)

아열대 면적
약 21%

무기후정책 **시나리오**(RCP8.5)

아열대 면적
약 52%

RCP2.6 : 인간 활동에 의한 영향을 지구 스스로 회복 가능한 경우
RCP4.5 : 온실가스 저감 정책이 상당히 실현되는 경우
RCP8.5 : 현재 추세(저감 없이)로 온실가스가 배출되는 경우

자료 : 기상청

철이 사라지고 국지성 집중호우와 여름철 오후의 스콜(squall)이
일상화된 아열대 기후로 바뀌었다는 것이다.

2019년 11월 최영은 건국대 교수는 〈우리나라 기후 변화의
과거, 현재, 미래〉를 주제로 한 발표에서 21세기 말에는 우리나
라의 태백산맥과 소백산맥 부근을 제외한 대부분의 지역이 아열
대 기후가 될 것으로 전망했다. 특별한 저감 노력이 없다면 현재
10% 미만인 아열대기후 지역이 21세기 말에는 우리나라 면적의
52%를 차지할 것으로 예상했다.

따라서 장마와 태풍으로 대표되는 기후가 우기와 건기로 나
뉘면서 우기에는 시도 때도 없이 집중호우가 내리는 덥고 습한 날

씨의 아열대 기후인 나라로 변해간다면 강한 비에 대응하는 우리의 준비도 달라져야 한다.

도시화

도시는 편리하다. 그리고 일자리가 있다. 또한 좋은 교육 기회를 제공한다. 그래서 사람들은 도시로 몰린다. 도시에 살기 위해서는 높은 주거비용을 지불해야 함에도 불구하고 대부분 도시로, 도시로 향한다. 지금은 전 세계 인구의 절반 정도가 도시에 거주한다. 도시는 갈수록 더 확대되어 간다.

도시화는 필연적으로 불투수층 면적을 넓힌다. 물이 쉽게 침투할 수 있는 흙이 있는 땅이 아스팔트와 시멘트로 덮인다. 불투수층 면적이 커질수록 유출률은 증가하고, 동일한 강우에도 하천으로 유입되는 유량의 크기는 작게는 몇 %에서 크게는 수십 %까지 증가한다. 도시홍수의 발생 가능성이 높아질 수밖에 없다.

도시화는 도시지역의 기후 변화에도 기여한다. 여름철 아스팔트는 쉽게 뜨거워지고 이로 인해 상승한 기온으로 도시는 더욱 뜨거워진다. 여기에 덥혀진 공기가 상승하면서 스콜(squall)과 같은 집중호우를 만들어 내고, 증발된 수분이 대기 중에 공급되면서 습한 날씨가 더해진다. 도시화가 기후 변화를 부추기고, 그래

우리나라의 수도인 서울의 풍경

서 증가된 호우는 도시화된 지역에 더 많은 유출이 생기게 해서 도시홍수가 발생한다. 침수가 빈번해지고 인명과 재산피해 발생도 늘어난다.

도시침수

2020년 7월에는 전국적으로 많은 비가 내렸다. 7월 10일 부산 지역에서 200mm가 넘는 폭우로 인해 하천이 범람하고, 사면 붕괴, 도로 및 주택이 침수되는 등 도심 기능이 마비되는 상황이 발생했다.

7월 13일에는 장마전선의 영향으로 전국에 걸쳐 폭우가 쏟아졌다. 300mm 가까운 물폭탄에 경남지역 곳곳에서 하천범람, 농경지 침수, 산사태가 이어졌다. 전국적인 피해는 일일이 거론하기 어려울 정도로 많았다. 7월 22일부터 전국적으로 많은 비가 내리기 시작해서 23일에는 폭우가 내렸다. 전국 대부분의 지역에 호우특보가 발령되고, 23일 21시를 기해 풍수해 위기경보가 '주의'에서 '경계'로 상향됐다.

울산의 하천 범람으로 운전자가 실종 후 사망했으며, 대구의 신천 수위 상승으로 침수 지역이 발생했다. 경상북도 영덕군 강구면 일부가 물에 잠겨 주민들이 대피해야 했다. 서울에서도 강남역 주변 등 일부 지역이 침수됐다.

부산에서는 시간당 90mm에 가까운 폭우가 쏟아지면서 피해가 많이 생겼다. 부산역 역사가 침수되고, 해운대구와 동구에 위치한 아파트 지하주차장이 물에 잠겼다. 특히 초량동에 있는 초량제1지하차도가 침수되면서 차량들이 갇혔고, 3명의 사망자가 발생했다. 급작스런 호우로 차량 통제가 이루어지기 전 지하차도가 잠기면서 인명피해가 생겼다.

이처럼 예년과는 다른 패턴의 장기간 집중호우는 전국적인 피해로 이어졌으며, 특히 서울, 대구, 울산, 부산 등과 같은 대도시가 침수되면서 인명피해가 발생했다.

홍수로 차량이 물에 잠긴 유럽 도시의 모습

2010년대 들어 대도시의 풍수해 피해는 끊이지 않았다. 서울의 경우 대표적 중심지인 강남역과 광화문이 침수됐다.

2010년 9월 강남역 주변이 침수되어 교통이 마비됐다. 이는 강남역 일대에서 최초로 발생한 사건이었다. 당시 강남역 일대는 물론 사당과 방배동 주변 저지대와 대치동 은마사거리 등에서도 침수가 일어났다. 광화문에서는 하수관이 역류해서 도로로 흘러 성인의 무릎 높이까지 물이 차올라 차량들이 잠겼다.

2011년에도 시간당 100mm가 넘는 집중호우로 강남대로 일대 지역이 침수되고 신분당선 공사 현장에서도 피해가 발생했다. 광화문에서는 지하철 5호선 광화문역이 침수되는 등의 피해가 생겼다.

이후 강남역 침수피해 원인에 대한 여러 논란이 있었고, 감사원에서도 감사의견을 제시했다. 불투수 포장 증가로 인한 침투량

하늘에서 바라본 강남역 일대 모습

감소와 하수관거 위치 변경에 따른 통수능 감소 등이 거론됐으
며, 하수관거의 개량 및 저류시설 확충 등이 이루어졌다. 광화문
의 경우도 물길을 고려하지 않은 도시개발로 인해 발생한 문제라
는 의견들이 제시되고 이에 대한 논란이 지속됐다.

　　그러나 2020년 8월에 내린 집중호우로 인해 강남역 주변의
일부가 침수되면서 도시화된 지역에서 많은 비가 내릴 경우 구조
적인 치수대책에 한계가 있음을 보여줬다.

　　서울과 같은 대도시가 아니더라도 일정 규모 이상의 대도시,
특히 구도심의 경우 예상치 못한 피해가 발생할 수 있음을 2017년
충청북도 청주에서 보여줬다.

　　2017년 7월 16일 오전 시간당 최고 90mm의 폭우가 집중되

어 290mm의 강우량을 기록한 청주에서는 미호천과 무심천 제방이 거의 범람할 뻔 했다. 1995년 293mm의 비가 내린 후 22년 만의 호우는 청주 시내 곳곳을 할퀴고 갔다.

금강홍수통제소는 16일 오전 10시 50분을 기해 미호천 미호천교 지점에 홍수경보를 발령했으며, 청주를 관통하는 무심천이 거의 범람 직전까지 가면서 무심천으로 유입되어야 할 물이 빠지지 않아 곳곳에서 역류가 발생했다. 이로 인해 도로가 침수되고, 아파트 주차장 등에 주차된 차들이 물에 잠겼다. 침수된 도로의 교통이 통제되면서 시내가 마비되고 충북선 열차 상하행선의 운행이 멈췄으며, 호우로 인한 지반 약화로 산사태가 발생했다.

이외에도 정전과 단수로 인한 피해도 많았다. 청주 흥덕구 복대동, 오송읍, 옥산면 등이 정전되고, 가경천 상수도관의 파손으로 가경동과 복대동 등은 단수 피해를 입었다.

홍수로 물에 잠긴 도시와 하천

청주 시내를 관통하는 무심천 주변으로 주요 시설과 거주지가 집중되어 있다. 하지만 구심도의 특성상 제방의 증고 이외에는 특별한 치수대책의 추진이 쉽지 않다. 특히 무심천으로 방류되는 우수관거가 무심천의 수위 상승으로 막혀서 역류할 경우 2017년과 같은 피해에 속수무책일 수밖에 없다. 청주뿐만 아니라 청주와 유사한 도심지는 전국적으로 많다. 따라서 이런 피해는 전국 어디서든 발생할 수 있다.

2017년 피해 이후 청주에서는 우수저류시설 설치 사업을 시행했다. 서원구 개신동의 개신지구, 청원구 내덕동의 내덕지구, 청원구 내수읍의 내수지구 등에 우수저류시설 3곳을 설치·운영 중이며, 서원구 수곡동의 수곡지구 우수저류시설은 현재 시공 중으로 2023년 준공 예정이다. 이러한 시설들이 적절히 운영된다면 집중호우로부터 청주를 보호하는 데 많은 도움이 될 것으로 기대된다.

도심지에 위치한 저류시설의 모습

03

외국도 많은
피해를 입고 있다

미국의 허리케인

미국 국립 허리케인센터는 2020년 11월 10일 대서양에서 허리케인 '세타(theta)'가 발생했다고 발표했다. 2020년에 생성된 29번째 허리케인이며, 한 해에 발생한 허리케인 수의 기존 기록이 깨졌다. 기존에는 허리케인 '카트리나(katrina)'가 발생했던 2005년의 28개가 최다 기록이었다.

2020년 발생한 29개 허리케인 중 12개가 허리케인급으로 세력을 키웠고, 특히 5개는 3등급 이상으로 발달하면서 시속

180km 이상의 위력을 보여줬다. 이처럼 대서양에서 허리케인이 자주 발생했던 원인은 비정상적인 대서양 수온의 상승 때문이었다. 동아시아의 태풍이 더 강력해지고, 빈번해지는 원인과 같다.

이처럼 허리케인이 너무 많이 생성되면서 준비했었던 허리케인의 이름이 모두 소진되는 웃지 못 할 해프닝까지 발생했다. 더 이상 사용할 이름이 없어서 그리스 알파벳인 α(알파), β(베타), γ(감마) 등이 사용되기도 했다.

허리케인이나 태풍의 이름 중 인명 및 재산피해가 크게 있었던 경우에는 다시 쓰지 않고 교체하는 게 일반적이다. 따라서 2020년 허리케인 중 '로라(rosa)'의 이름이 삭제됐다. 또한 이름이 없어 비상용으로 사용했던 그리스 문자도 오히려 혼란스러워 방해가 된다는 의견이 많아 앞으로는 쓰지 않기로 했다.

2020년이 허리케인의 발생 빈도가 가장 잦았던 해로 기록된다면, 최근에 가장 강력한 허리케인으로 기억되는 해는 2012년이다. 2012년 10월 22일에서 29일 사이의 허리케인 샌디(sandy)가 주인공이다. 샌디는 10월이라는 늦은 시기에 발생한 허리케인이었다. 처음 자메이카에 샌디가 상륙했을 때는 가장 낮은 1등급 허리케인이었지만, 쿠바를 지나면서 3등급으로 세력이 커졌다. 이후 열대성 저기압의 수준 자체는 약해졌지만 허리케인의 규모가 워낙 크다 보니 미국 동부 뉴저지와 뉴욕의 해안까지 세력을 미친 대단히 파괴적인 허리케인이 됐다.

허리케인 샌디로 인해 파괴된 미국 뉴욕 해변의 집

　　샌디는 인구가 밀집한 도시지역을 강타했고, 강제 대피령이 내려졌다. 뉴욕의 일부 지역에서는 홍수뿐만 아니라 화재까지 발생했다. 화재 현장에 접근할 수 없었던 소방대원들은 100채 이상의 주택이 불에 타는 것을 속수무책으로 지켜볼 수밖에 없었다.

　　샌디는 미국 22개 주에 영향을 주었다. 많은 비와 강풍뿐만 아니라 지역에 따라서는 폭설도 내리는 곳이 있을 정도로 독특한 허리케인이었다. 샌디로 인해 159명의 사망자와 500억 달러의 재산 피해가 발생했다. 많은 주택과 사업장들이 침수되고 파괴되었으며, 여러 곳이 무너져 내렸다. 심한 피해를 입은 해안지역은 관광사업을 다시 활성화시키는 데 많은 시간이 필요했다.

중국의 태풍과 집중호우

　'싼샤댐(三峽댐)이 붕괴할 수 있다!' 2020년 여름 많은 비가 내리고 있던 중국에서 들려왔던 소식이다. 2020년 5월부터 시작된 중국 중남부 지방의 비는 석 달째 지속되면서 양쯔강으로 많은 양의 물을 흘려보내게 했고, 이로 인해 양쯔강에 위치한 세계에서 가장 큰 댐인 싼샤댐의 수위가 급속히 상승했다. 6월 30일부터 수문을 열고 엄청난 양의 물을 하류로 방류했지만 상류에서 끊임없이 유입되는 물로 인해 댐의 수위는 점점 상승했고, 싼샤댐이 붕괴할 수도 있다는 이야기가 급속도로 퍼졌다.

　조금은 과장된 추측이라는 의견이 많았지만 만약 싼샤댐이 붕괴될 경우 발생할 인명 및 재산피해는 상상을 초월할 정도이기에 각종 논란이 끊이지 않았다. 특히 중국 정부 입장에서는 싼

중국 싼샤댐 전경

2012년 7월, 싼샤댐의 방류 광경을 카메라에 담았다.

샤댐의 붕괴는 정치적으로도 치명타가 될 수 있는 사안이기에 보안을 유지하면서 절대 그런 일은 생기지 않을 것이라 설명해야 했다.

다행히 싼샤댐은 붕괴되지 않았다. 그러나 219명이 숨지고 6,000만 명의 이재민이 발생했으며, 재산피해액은 30조 원에 이른다고 전해진다. 이처럼 심각한 피해를 유발한 중국 폭우의 원인은 인도양의 수온이 높아지면서 대기 중으로 많은 양의 수증기와 에너지가 유입되었기 때문이다. 이로 인해 발생한 장마전선이 북상하면서 7월 내내 중국에 큰 비를 내렸고, 7월 말이 되어서야 영향권에서 벗어나게 됐다.

2장

물이
더
부족해진다

01

물 부족이 반복된다

물은 생활이고 삶이다

인간 생활에서 물이 필수적이라는 말은 식상하다. 물은 인간 뿐만 아니라 자연, 생태계에도 없어서는 안 될 존재다.

우리나라 사람들이 1인당 하루에 사용하는 물의 양은 약 300L 정도 된다. 상수도를 통해 매일 공급되는 전체 물의 양을 물 공급이 가능한 급수대상 인구의 수로 나눌 때 산정되는 값 이다. 상수도공학에서는 이를 1인당 1일 물사용량(Litter Per Capita Day, LPCD)으로 정의한다.

1인당 하루에 사용하는 300L의 물은 매우 많은 것처럼 느껴진다. 우리가 즐겨 사용하는 1.5L 음료수 페트병 200개 분량이다. 사람들은 이 많은 물로 무엇을 할까? 가정에서 사용하는 물의 용도를 생각해보면 마시는 물, 음식 조리용 물, 설거지 물, 세탁용 물, 청소용 물, 세면 또는 샤워용 물, 수세식 변기의 물, 조경용 물, 세차용 물 등이 해당될 것이다. 여기에 소화용 물을 포함해서 공공의 목적으로 필요한 물의 양이 더해질 것이다.

　위에 열거한 물들 중 더 중요하거나 덜 중요한 물은 있어도 필요하지 않은 물은 없다. 만약 물이 부족해서 일부 용도의 물 사용이 제한될 경우 그 불편함은 매우 크다. 가장 기본적인 먹는 물의 중요함은 논외로 한다고 해도 설거지나 세면을 위한 물만 부족해도 생활에서의 어려움은 심각하다. 여기에 수세식 화장실 사용의 제한은 많은 문제를 야기한다.

　과거처럼 재래식 화장실을 사용한다면 단수로 인한 용변 처리 문제는 없을 것이다. 하지만 여러 이유로 물 공급이 중단되고 수세식 화장실에서 사용할 물이 없다면 발생되는 문제는 심각하다. 처리되지 않은 용변으로 인한 냄새와 더러움은 물론이고, 나중에는 화장실 자체를 사용할 수 없게 됨으로써 인간의 가장 기본적인 배설의 욕구를 해결하지 못하는 문제까지 다다를 수 있다. 따라서 우리들의 정상적인 삶을 유지하기 위해서는 평상 시 물은 조금이라도 부족하지 않아야 한다.

　2021년 4월 기준 서울특별시의 인구는 약 958만 명이며, 경

충주댐 전경

기도는 약 1,348만 명이다. 또한 인천광역시의 인구는 294만 명이
다. 수도권의 물은 대부분 소양강댐과 충주댐으로부터 온다고 가
정하고, 서울과 인천 인구의 100%와 경기도 인구의 55%가 이 물
을 사용한다고 계산하면 약 2,000만 명 정도에 해당한다. 아주
대충 계산한 값임을 감안해주기를 바란다.

소양강댐의 저수량은 총 29억 m^3, 충주댐은 27억 5천만 m^3
이다. 단순하게 수도권에서 이 물의 혜택을 받는다고 고려한
2,000만 명이 하루 300L($0.3m^3$)를 사용한다고 가정하고 계산하면
약 940일 동안 쓸 수 있는 물이다. 약 2.5년 정도의 기간에 해당
된다.

만약 수도권에 대가뭄이 들어서 수년 동안 비가 오지 않는다면 소양강댐과 충주댐에 저수량이 가득한 상황에서 약 2.5년 정도 수도권 주민들에게 물 공급이 가능하다는 대략 계산이 나온다. 여기에는 농업용수나 하천유지용수 등 타 용도로 이용되는 물의 양은 모두 포함되지 않았다.

만약 댐 운영 등이 이러한 상황을 고려하지 못한 채 이루어지거나 농업용수 등을 최소한으로 공급해야 하는 상황까지 반영한다면 대략 2년 정도의 극심한 가뭄이면 수도권의 물 공급에 큰 차질이 있을 수 있음을 개략적으로 보여준다.

앞서 언급했듯이 지금 우리의 삶은 단순하게 먹고 마시는 물만이 필요한게 아니다. 물은 우리의 생활이고 삶이다. 물 부족의 고통을 피하기 위한 강도 높은 준비가 필요하다. 하지만 앞으로의 상황은 갈수록 더 어려워질 것으로 예상되고 있다.

양치기 소년 같은 가뭄의 존재

1994~1995년 기간 동안 대학원 과정을 이수했다. 당시에는 정치적으로나 사회적인 이슈들이 많았다. 정치적으로는 북한의 김일성 주석이 1994년 7월 사망했다. 사회적으로는 그 이전까지 느끼지 못했던 폭염이 1994년 여름 한반도를 강타했다. 또한 1994년 10월에는 성수대교 붕괴, 1995년 6월에는 삼풍백

화점 붕괴 등도 있었다.

하지만 개인적으로 가장 중요한 일은 1994년부터 시작된 가뭄이었다. 1968년 이후로 가장 심각했던 가뭄으로 국민들에게는 폭염으로 인한 고통에 더해 이듬해인 1995년까지 많은 어려움을 주었다. 수자원을 전공하는 연구자들은 주로 홍수에 대해 관심을 가지고 있었는데 이때의 물 부족은 가뭄을 연구할 수 있는 좋은 기회를 마련해 주었다.

당시 소속된 연구실에서도 1994~1995년 가뭄에 대해 연구하는 프로젝트가 시작되었고, 여기에 참여하면서 학위 논문도 가뭄과 관련된 주제로 선정하게 되었다. 하지만 여러 선배 연구자들은 가뭄이 심각할 때는 가뭄의 중요성이 여기저기서 부각되지만, 한번 큰 비가 내려서 물 부족이 해갈되면 언제 그랬냐는 듯이 가뭄은 잊혀가는 연구 주제라고 조언했다. 굳이 가뭄을 연구할 필요가 있겠냐는 의미였다.

세월이 흘러 그 이후의 여러 가뭄들을 경험하면서 선배들의 조언이 결코 틀리지 않았음을 수차례 느꼈다. 매번 가뭄이 찾아올 때마다 물 부족으로 온 나라가 고통받는다고 걱정하면서 각종 대책들을 쏟아내다가 한 번의 비로 가뭄이 끝나면 언제 그랬냐는 듯이 모든 것을 잊어버리는 일이 반복됐다. 양치기 소년의 거짓말이 어린아이 장난인 것처럼 말이다.

이러한 세태는 가뭄에 대한 연구도 가뭄의 심각성을 평가하는 부분에 집중하면서, 실제 필요한 가뭄 대책 부분에는 큰 관심을 두지 않는 분위기가 조성되게 만들었다. 큰 비 한 번으로 가뭄이 종결되는 상황에 대한 학습효과가 생기면서 가뭄이 와도 그때까지만 버티면 된다는 인식이 일반화됐다.

또한 댐 건설에 대한 부정적인 인식으로 인해 물그릇을 키우자는 주장은 힘을 잃어갔고, 수요관리, 즉 있는 물을 최대한 효율적으로 아껴 쓰는 부분에 노력을 더 기울이게 됐다.

일반적인 수준, 평균적인 수준의 가뭄이 도래했을 경우는 위의 대책이나 노력들이 어느 정도 효과를 발휘하면서 물 부족을 극복할 수 있다. 하지만 앞에서 개략 산정한 것처럼 수도권에 2년 이상의 극심한 가뭄이 발생할 경우 우리가 쓸 수 있는 대책은 거의 없다. 전쟁보다 더한 피해와 고통을 겪을 수도 있다.

가뭄을 상징하는 대표적인 이미지. 메말라서 갈라진 땅 위에 가뭄으로 고통받는 어린이가 앉아 있다.

2000년 이후 우리나라의 주요 가뭄

2000년 이후 지금까지 우리나라에는 여러 가지 크고 작은 가뭄이 발생했다. 국가가뭄정보포털(www.drought.go.kr)에 기록된 주요 가뭄에 대한 상황을 보면 주기적으로 피해가 발생했음을 알 수 있다.

2000년 이후 우리나라의 주요 가뭄 및 피해상황

기간	피해지역	피해상황
2001년 2~6월	경기, 강원, 충북, 경북	■ 농업피해면적 30천 ha ■ 제한급수 및 운반급수 304,815명
2008년 9월~ 2009년 2월	전남, 강원, 경남	■ 제한급수 및 운반급수 279,868명 ■ 태백시 주민 5만 명 이상 1일 3시간 제한급수 실시 (2009년 1월 6일부터 87일간)
2012년 5~6월	경기, 충남, 전북, 전남	■ 농업피해면적 22.5천 ha, 제한급수 및 운반급수 508명 ■ 충남지역에서 전국 최하위의 저수율 기록(전체 931개 저수지 중 고갈 198개소, 저수율 30% 이하 359개소)
2014~ 2015년	경기, 강원, 인천, 경북, 충남북, 전남북	■ 농업피해면적 7.4천 ha(논 2.8, 밭 4.6) ■ 생활용수 급수 조정(충남 7개 시군 20% 감량) ■ 보령댐 저수율 최저 18.9%(2015년 11월 6일) ■ 댐 대부분이 주의~심각단계 용수 부족 ■ 한강과 금강 유역의 가뭄은 50~100년 빈도
2017년	인천, 경기, 충남, 전남 제주	■ 51개 시·군 제한급수, 운반급수 피해인구 26,853명 ■ 급수체계 조정(보령댐, 평림댐)
2018년 1~8월	강원, 전남, 제주	■ 생활용수 제한·운반급수, 농업피해면적 22,767ha ■ 22개 시군 제한급수, 운반급수 피해인구 111,473명 ■ 속초시 전지역 제한급수 시행 (2월 6일~ 3월 5일, 82,079명)
2019년 1~7월	경기, 강원, 전남	■ 15개 시군 제한급수, 운반급수 피해인구 9,789명

동해바다와 설악산에 둘러싸인 아름다운 속초도 가뭄피해를 빈번히 겪고 있다.

2000년대 이후 발생한 크고 작은 가뭄들이 있었다. 특히 2009년 1월부터 87일간 지속됐던 태백시의 제한급수, 2015년 한강과 금강유역 50~100년 빈도 가뭄으로 인한 댐의 용수 조정, 2018년 2월의 속초시 전 지역 제한급수 등이 심각했던 가뭄으로 기억된다.

02

전 세계가 물 부족으로 신음한다

물 사용을 25% 줄여라!

2015년 4월 제리 브라운(Jerry Brown) 캘리포니아 주지사는 지역 주민들에게 "물 사용을 25% 줄이라"는 긴급 명령을 발령했다. 당시 4년째 지속되던 심각한 가뭄으로 인해 미국 서부에 위치한 캘리포니아는 큰 고통을 받고 있던 상황이었다.

주지사의 긴급 명령 이전에도 주민들은 물을 아끼려는 노력을 아끼지 않았다. 식당에서는 손님이 따로 요구하지 않는 이상 물을 제공하지 않았으며, 화장실 곳곳에는 물을 아끼자는 안내

심각한 가뭄으로 인한 물 사용 제한 알림(2016년 2월 남부 캘리포니아)

문을 붙였다. 특히 물 값에 대한 누진제가 강화되어 일정 수준 이상의 물을 사용할 경우에는 큰 비용을 지불해야 했다.

후버댐은 미국 서부 지역의 용수공급을 담당하는 대표적인 댐이다. 미국 31대 대통령이자 최초의 서부 출신 대통령인 허버트 클라크 후버를 기념하고자 '후버댐(hoover dam)'으로 명명됐다. 2015년 가뭄 당시 후버댐의 수위는 준공 이후 가장 낮은 상태로서 만수위보다 43m나 낮았다. 주요 용수 공급원인 댐의 수위가 낮아지자 고통스러운 물 부족이 발생했다.

로스앤젤레스를 중심으로 한 미국 서부의 캘리포니아는 원래부터 물이 거의 없는 사막 지역에 해당한다. 서부 개척 시대를 통해 만들어진 이곳은 농업생산량이 늘어나고 인구가 증가하면서

후버댐 전경

필요한 수자원을 주변에 건설한 댐을 통해 공급받고 있다. 댐을 비롯한 대부분의 관개시설은 20세기 초부터 적극적인 투자와 건설을 통해 만들어지고 관리되어 왔다.

그러나 지속적인 도시의 확장, 인구의 증가, 농업 지역의 확대 등은 공급되는 수자원이 항시 부족한 상황으로 이끌었다. 여기에 더해 지구온난화에 따른 기후 변화는 겨울철 로키산맥의 적설량을 줄어들게 하고, 여름철에는 증발량이 늘어가는 자연환경을 만들었다. 가뜩이나 부족한 수자원의 주요 공급처인 적설량의 감소는 심각했고, 여름철 기온 상승으로 인한 증발량은 그나마 댐에 가두어 둔 물이 자연적으로 손실되는 피해를 야기했다.

증발로 인한 물의 손실이 커지자 로스앤젤레스 시에서는 저수지의 증발을 막기 위해 일명 '쉐이드 볼(shade ball)'이라는 검은 공을 저수지 표면에 띄우는 프로젝트를 진행했다. 성인의 주먹 크기만 한 검은 공 수 만 개를 시에서 관리하는 저수지에 투하해서 저수지 표면을 덮어버렸다. 뜨거운 햇볕이 저수지 표면에 직접 접촉하면 수면의 온도가 상승하면서 증발이 가속되기에 이를 예방하고자 표면을 덮은 것이다. 전체 70만 m²인 로스앤젤레스 시의 저수지 표면을 모두 덮기 위해서는 약 1억 개 정도의 '쉐이드 볼'이 필요한데 이를 통해 연간 110만 m³ 정도의 적지 않은 양의 물 손실을 막을 수 있다고 한다. 물을 최대한 아끼고자 하는 눈물겨운 노력의 일부다.

2015년 미국 서부지역 가뭄에 대한 뉴스를 접한 지 6년이 지

증발을 막고자 뿌려진 쉐이드 볼로 덮인 저수지의 모습

난 지금도 그 상황은 크게 변하지 않았다. 2021년 7월에도 물 절약이 요구되고 있다. 개빈 뉴섬(Garin Newsom) 캘리포니아 주지사가 심각한 가뭄으로 인해 "자발적으로 물 사용량을 15% 줄여 달라"고 요청할 정도다.

이처럼 기후 변화에 따른 수자원 공급량의 감소와 손실량의 증가는 댐의 저수량을 줄어들게 하고, 이 기간이 길어지게 되면 감당하기 쉽지 않은 어려운 상황이 발생할 수 있고 장기간 지속될 수도 있음을 미국 캘리포니아가 여실히 보여주고 있다.

폭염, 산불과 함께 오는 가뭄

갈수록 더워지는 기후로 인한 고통은 가뭄으로만 끝나지 않는다. 폭염과 산불이 함께하면서 감당하기 힘든 상황이 더해진다.

춥고 서늘한 기후의 나라로 알려진 캐나다는 2021년 여름 기록적인 폭염이 발생했다. 6월 말부터 시작한 이상고온으로 약 700명 정도가 사망했으며, 이어서 발생한 산불로 인해 더욱 심한 고통을 겪었다.

미국 서부에서도 전례 없는 고온현상과 산불 발생이 이어지고 있다. 가뭄으로 인한 피해가 더해지는 상황에서 이상고온으로 인해 수천만 명이 고통받고 있으며, 초대형 산불이 지속되고 있다. 그 피해 상황을 일일이 다 열거하기 힘들 정도의 많은 폭염과 산불이 이어졌다.

이로 인해 가뭄 피해가 더 심해지는 최악의 상황으로 치닫고 있다. 2021년 6월 말 현재 미국 전체의 절반 정도인 47%의 지역에서 가뭄을 겪고 있는 상황이다. 기후 변화 → 가뭄 → 이상고온 → 폭염 → 산불 → 가뭄 등이 때로는 다 함께, 때로는 계속 이어지면서 쉬지 않고 고통을 주고 있다.

이러한 상황은 미국 등 일부 국가에서만 발생하는 문제가 아니다. 전 세계의 모든 지역의 공통적인 현상이다. 기존의 상황만을 고려한 대응으로는 한계가 있을 수밖에 없음을 여러 곳에서 보여주고 있다. 또한 우리나라의 상황도 심각한 대응이 절실함을 시사하고 있다.

호주에서 소방관이 산불을 진화하고 있는 모습

3장

수돗물,
마셔도
될까?

01

왜 우리는 수돗물을 바로
마시지 않을까?

낙동강 페놀사태의 교훈

무더위가 기승을 부리는 더운 여름날 저녁에는 시원한 맥주 생각이 간절할 수 있다. 그럴 때 찾아가는 편의점 냉장고에는 이름조차 생소한 여러 종류의 맥주들이 즐비하다. 제품의 다양함은 국내 제품들보다 외국에서 수입된 맥주들이 더하다. 그래서 어떤 맥주를 선택해야 할지 행복한 고민에 빠질 때가 자주 있다.

그러나 30년 전의 상황은 지금과 달라도 많이 달랐다. 맥주라는 주종 자체가 소주 등에 비해서는 고급이었으며, 제품도 단

2종류밖에 없었다. OB맥주와 크라운맥주! 당시 동양맥주에서 판매하던 OB맥주는 시장점유율에서 압도적인 1위였으며, 2위인 크라운맥주는 약 20% 정도의 점유율에 불과했다. 따라서 맥주를 마신다면 OB맥주를 의미했고 크라운맥주는 이름만 맥주였지 맥주 비슷한 술로 취급됐다.

이러한 상황이 예기치 않았던 수질오염 사고와 크라운맥주를 판매했던 조선맥주의 독한 노력으로 순식간에 역전된다.

1991년 3월 14일 경상북도 구미에 위치한 두산전자 공장에서 사고로 인해 페놀 30톤이 하천으로 무단 방류됐다. 심각한 독성 물질인 페놀은 대구 시민들이 마시는 물을 취수하는 다사취수장으로 유입되면서 악취가 나는 수돗물이 시민들의 집으로 흘러갔다. 또한 페놀은 취수장뿐만 아니라 낙동강을 따라 흘러가면서 경남과 부산지역의 주요 취수장에도 영향을 주었다. 한동안 제대로 된 수돗물 공급이 이루어지지 못했으며, 영남지역의 민심이 들끓었다. 두산전자가 속한 두산그룹 제품의 불매운동이 일어났다.

하지만 그것으로 끝이 아니었다. 20일 만에 가동이 재개된 공장에서 4월 22일 2차 유출이 발생하면서 페놀 2톤이 방류됐다. 안일했던 정부와 두산그룹의 대처에 대해 여론의 질타가 이어졌다. 두산그룹 회장이 물러났으며, 당시 환경처 장관의 경질까지 이어졌다.

영남지역의 두산그룹 제품에 대한 불매운동은 오랫동안 지속됐다. 불매운동의 영향은 매우 컸다. 특히 두산그룹 소속사(동양맥주)의 대표적인 소비재인 OB맥주는 가장 큰 타격을 받았다. 이로 인해 그때까지 외면받던 크라운맥주의 선호도가 높아져 갔다.

여기에 만년 2위를 벗어나고자 하는 조선맥주의 눈물겨운 노력이 더해졌다. 1년 이상의 준비 끝에 1993년 5월 신제품 '하이트맥주'를 선보였다. 새로운 맛에 신선한 이미지를 더한 하이트맥주는 돌풍이 아닌 태풍급의 판매를 기록했다. 특히 페놀사태로 이미지가 악화된 OB맥주를 고려해서 '천연 암반수'인 깨끗한 물로 만든 맥주라는 이미지를 심은 마케팅은 큰 효과를 보았다. 결국에는 1위와 2위가 바뀌는 대역전이 일어났다.

낙동강 페놀사태의 영향은 맥주회사의 순위가 바뀌는 것으로만 끝나지 않았다. 우리 사회 각 분야에서 많은 변화가 일어나는 계기를 제공했다.

환경과 관련된 시민운동이 본격적으로 세상에 모습을 나타냈다. 페놀 방류로 인한 하천 오염은 불량 수돗물이 가정으로 오게 만들었다. 환경단체들은 무단으로 페놀을 방류한 두산 그룹 제품의 불매운동을 주도했고, 적절하게 대처하지 못한 관련 공무원들을 질타하고 고발했다. 또한 수도요금 납부 거부운동을 이끌었으며, 오염물 방류 업체들에 대한 감시활동을 진행했다. 전국적으로 벌어진 대규모 불매운동은 시민운동의 본격적인 출범을 알리는 사건이었으며, 우리나라 환경운동의 새로운 이정표를 제공했다. 이때를 시작으로 환경단체들의 위상이 페놀 방류 이전과는 완전히 달라졌다.

환경단체 주도의 불매운동에 시민들이 적극적으로 참여하고, OB맥주의 시장 점유율이 급감하는 모습을 보면서 기업들은 긴장했다. 기업의 이윤 창출이 환경에 대한 고려보다 더 중요하다고 여기던 시기에 벌어진 상황은 기업들이 환경보호의 중요성을 깨닫게 하는 계기가 되었으며, 더 나아가 환경을 보호하는 활동이 기업의 이미지 제고 및 매출 증대에 도움이 된다는 인식이 생겨나게 되었다.

30년이 지난 지금, 기업 활동의 중요 이슈 중 하나가 ESG다. 기업을 평가하고 투자를 고려할 때 재무적 요소 이외의 비재무적 요소인 환경(Environmental), 사회(Social), 지배구조(Governance)를 판단의 중요한 요소로 삼는 것이 ESG다. 이제는 기업의 평가항목에서 환경이 큰 부분을 차지하는 상황까지 오게 됐으며, 우리나라에서는 페놀사태가 그 시작을 알리는 출발점이었다.

하지만 가장 극적인 것은 물에 대한 국민들의 인식 변화였다. 당시만 해도 지금처럼 수돗물을 정수해서 마시거나 생수를 돈을 주고 사서 마신다는 생각을 하는 이는 없었다. 가정까지 배달되는 깨끗한 수돗물을 그냥 마시거나 필요하면 보리나 결명자 등을 넣고 끓여서 마시는 정도였다. 그러나 낙동강 페놀오염과 취수장의 미흡한 대응을 보면서 수돗물에 대한 국민들의 불신은 커졌다.

페놀사태 당시에는 생수 판매가 불법이었다. 법으로도 허용되지 않았지만 석유보다 비싼 값의 돈을 주고 물을 사서 마신다는

편의점 냉장고에 진열된 다양한 종류의 생수들

생각 자체가 없었던 시절이었다. 페놀사태 이후 수돗물에 대한 국민들의 불신은 깨끗한 물에 대한 요구를 높아지게 했고, 마침내 정부는 페놀사태 3년 후인 1994년 3월 16일, 생수의 국내 시판을 허용하게 된다. 이후 생수는 우리 삶에 깊숙이 파고들어서 이제 대부분 국민들의 음용수가 됐으며, 수돗물의 위상은 한 단계 낮은 수준의 용도에 사용되는 처지로 전락했다.

생수의 대중화 과정

'20세기 최대의 마케팅 성공작, 생수에 관한 불편한 진실'. 과학·환경 전문작가인 엘리자베스 로이트(Elizabeth Royte)가 쓴 『보틀마니아(2009)』의 부제다. 매우 공격적인 표현이지만 그렇기에 오랫동안 잊혀지지 않는 문구로 머릿속에 기억될 수 있었다.

지속적인 생수 기업들의 마케팅이 사람들의 인식을 바꾸고 새로운 물을 찾게 만들었다는 주장이다. 수돗물은 깨끗하지 않고 생수는 안전하면서도 인체에 무해하다는 이미지는 지속적으로 확대 생산되어 전파되었고, 사람들은 차츰 생수에 길들어져 갔다. 그래서 마시는 물로는 생

『보틀마니아』. 생수가 대중화되는 과정과 그 이면의 문제점을 언급했다.

수만을 고집하는 지금의 모습은 가장 극적인 마케팅의 성공작이라고 이야기한다.

20세기 들어 인간의 수명을 획기적으로 늘린 과학기술 중 대표적인 것으로 상하수도와 페니실린(penicillin)이 손꼽힌다. 상하수도는 수인성 전염병과 오염된 환경으로부터 사람들을 구했으며, 항생제 페니실린은 세균에 무방비로 당했던 인체에 저항력을 심어 주었다.

상하수도 중 상수도는 일반적으로 다음과 같은 6단계의 과정을 거쳐 수요자에게 물을 공급한다.

상수도 공급을 위한 일반적인 6단계 과정

이 중 정수단계에서 사람이 음용할 수 있는 수준의 물이 만들어진다. 여기에는 침전과 여과, 소독이라는 과정이 필수적이다. 침전은 원래의 물에 섞여 있는 이물질을 가라앉히는 과정이다. 여과는 물이 모래층을 통과하면서 미세한 이물질과 일부 세균들이 걸러지는 과정이다. 특히 미국의 하얏트(A. Hyatt)가 1884년 급속여과법을 개발한 이후 도시지역의 정수장에서는 여과를 통한 오염물 제거가 급속도로 확산됐다. 여과를 통해서도 제거되지 않는 세균은 소독을 통해 제거한다. 소독을 위해 사용되는 물질로는 염소(chlorine)가 대표적이며, 오존도 사용된다. 염소나 오존은 물속 세균들을 살균해서 사람들이 그냥 물을 마셔도 인체에 영향이 없도록 해준다.

정수처리장의 모습

이러한 정수처리 공정이 만들어지기 전에는 지역 사람들이 공동 우물 등의 물을 사용했는데 깨끗하지 못한 물로 인해 수인성 전염병이 만연했으며, 이로 인해 사망하는 사람들의 수는 엄청났다. 미국의 도시에서 깨끗한 식수가 공급되기 시작한 이후 총 사망률이 43% 낮아졌으며, 특히 염소 등을 이용한 정수방법이 도입된 후부터 유아사망률이 74%나 낮아졌다는 기록은 놀랍기만 하다.

이처럼 오염되지 않은 깨끗한 물인 일명 '수돗물'이 인간의 수명을 획기적으로 연장하고 거기에 더해 수도꼭지만 틀면 항상 물을 쓸 수 있는 편리함까지 제공함으로써 인류의 삶의 질은 대폭 향상됐다. 그런 수돗물이 이제는 깨끗하지 않다는 이미지만 남긴 채 생수에게 음용수의 자리를 양보한 것이다. 불과 한 세기만에 일어난 드라마틱한 변화다.

2020년 기준 우리나라 생수 시장의 규모는 약 1조 원에 달하는 것으로 조사된 바 있다. 2018년 8,000억 원 규모에서 2년 만에 약 25% 성장한 규모이다. 국내 생수 제조사는 약 70여 개에 달하고 있다. 생수 브랜드로는 제주삼다수가 40%를 넘는 높은 점유율을 유지하고 있는 가운데, 아이시스와 백산수 등의 제품이 10% 내외의 점유율로 그 뒤를 잇고 있다.

우리나라 인구 5,000만 명 중 절반 정도인 2,500만 명이 생수를 즐겨 마신다고 가정하면 연간 1조 원의 시장에서 1인당 4만 원 정도 지출하는 꼴이다. 제품의 용량과 판매처의 유형에 따라

가격 편차가 매우 크지만 대략 1L 정도가 약 1,000원에 판매된다고 가정하면 1인당 연간 40L의 소비량이 계산된다. 500mL 작은 용기 80개 분량이다.

초등학교 시절의 가장 행복했던 추억 중 하나는 학교 수업을 마친 후 친구들과 운동장에서 축구를 했던 기억이다. 땀을 뻘뻘 흘리며 신나게 뛴 후 운동장 가장자리에 있는 수돗가의 수도꼭지를 틀고 나오는 물을 직접 입으로 받아 마시며 갈증을 달랬던 기억이 지금도 생생하다. 하지만 지금은 수돗물을 직접 마시지 않은 지 오래됐다. 만약 수돗물을 음용한다면 보리 등을 넣고 끓인 후 식혀서 차로 마실 뿐 초등학교 시절처럼 수도꼭지에서 나오는 물을 바로 받아서 마시지는 않는다.

아마 대부분 우리나라 국민들의 모습도 다르지 않을 것이다. 깨끗하지 않다고 생각되는 수돗물은 이용하지 않고 생수를 사서 마시거나 아니면 정수기를 통해 나오는 물을 마실 뿐이다. 생수와의 전쟁에서 패한 수돗물은 이제 음용보다는 한 단계 낮은 수준의 용도에 사용되는 물로 전락해간다.

02

수돗물,
믿어도 될까?

수돗물에 대한 불신은 커져만 갔다

20세기 초반 미국 등의 생활상을 담은 흑백 영상을 보면 가끔 바닷가에서 긴 바지나 치마 형태의 수영복을 입고 물놀이를 즐기는 모습을 볼 수 있다. 지금과 같이 노출이 심한 수영복을 입은 사람은 눈을 씻고 봐도 찾을 수 없다. 언제부터 어떤 계기로 지금의 수영복을 입게 되었을까? 노출에 대한 사람들의 편견이나 인식이 한 순간 바뀌었기 때문인가?

이런 의문에 대한 해답은 다양할 수 있다. 하지만 다른 이들

『우리는 어떻게 여기까지 왔을까』. 오늘날의 세상을 만든 6가지 혁신에 대해 다룬다. 이 중 청결(clean)이 상하수도에 대한 내용을 포함한다.

과 매우 색다른 의견을 제시한 사람도 있다. 스티븐 존슨은 『우리는 어떻게 여기까지 왔을까(2015)』에서 세계 1차 대전 후 염소 처리된 깨끗한 물로 만들어진 실내 수영장이 미국 전역에 급속히 확산되면서 수영을 배우는 것이 일상이 되었고, 불편한 수영복에 대한 불만과 과거 풍습에 대한 반발로 노출이 심한 수영복이 점차 일반화됐다고 설명한다.

특히 1900년대 초만 해도 여성의 수영복 한 벌을 만들기 위해 약 10야드의 천이 필요했지만, 1930년대 말에 이르러서는 1야드의 천이면 충분했다고 한다. 염소 소독으로 물이 깨끗해지고 실내 수영장이 주변 곳곳에 생겨나면서 수영이 일상적인 여가활동이 됐으며, 이를 계기로 수영복이 대중화되면서 다양한 패션의 형태로 발전했고 온몸의 노출이 심해지는 지금의 수영복으로 변천했다는 이야기다.

지금 시대의 수돗물은 실내 수영장의 물로서는 충분한 자격을 갖춘 것으로 평가되지만 아쉽게도 직접 음용하는 물로서는 대접받지 못하고 있다. 낙동강 페놀 방류 사태로 인해 수돗물에서 심한 악취가 나고 음용하지 못했으며, 이때부터 정수기를 통한 물이나 생수 등에 대한 요구가 높아졌다고 앞에서 설명했다. 하지만 그 이전부터 수돗물에 대한 불신은 싹트고 있었다.

1989년 언론에 보도된 수돗물 중금속 오염에 대한 기사가 시작이라고 할 수 있다. 수돗물에 대한 수질검사 결과 일부의 카드뮴(cadmium) 농도가 기준치를 초과했다는

수영복을 입은 여인들의 모습(1920년경)

발표였다. 언론에서 실제보다 과장한 측면이 있었던 기사였지만 국민들에게 준 충격은 컸으며, 특히 과거 일본에서 발생했던 '이타이이타이병'의 원인 물질이 카드뮴이라고 알려지면서 그 후폭풍은 거셌다.

이어진 1990년 감사원의 THM(트리할로메탄)에 대한 조사결과 발표는 더 큰 논란을 불러왔다. 감사원은 그해 여름 전국 17개 정수장의 수질을 검사한 결과 8개 정수장에서 발암물질인 THM의 수치가 기준치를 초과했다고 발표했다. 수돗물에 발암물질이 있다는 내용이 국가기관인 감사원의 조사를 통해 입증됐다는 사실은 국민들에게 더 큰 놀라움은 가져다 주었다. 여기에 더해 다음

해인 1991년 낙동강 페놀 방류 사태는 더이상 걷잡을 수 없도록 수돗물의 위상을 추락하게 만들었다.

수돗물에 대한 신뢰가 회복되었을까?

그렇다면 30년이 지난 지금은 어떨까? 수돗물에 대한 신뢰가 회복되었을까? 2019년 5월 말 인천광역시의 일부 지역 아파트에서 붉은 수돗물이 나왔다. 인천 서구에서 시작된 붉은 수돗물은 이후 인천 중구 등에서도 발견되었으며, 한 달 이상 정상화되지 못하는 일이 발생했다. 박남춘 인천광역시장이 직무유기로 피소되고 경찰 조사가 실시되는 등 그 여파는 오랜 시간 지속됐다. 수도관의 노후화로 인한 문제라는 조사결과가 이어졌지만 이미 수돗물에 대한 신뢰는 땅에 떨어진 후였다.

유사한 사건은 다음 해에도 이어졌다. 2020년 7월 또다시 인천광역시에서 사건이 일어났다. 계양구의 수돗물에서 유충이 검출된 것이다. 일명 '깔따구'의 유충은 인천의 북부권을 중심으로 계속해서 발견됐다. 이후 경기도, 서울, 부산 등의 일부 지역에서도 유충이 검출되면서 그 사태는 전국적으로 확대됐다. 여름철 기온이 높아지면 물탱크 등과 같이 물이 고여 있는 곳에서 발생한 유충이 수도관을 타고 가정까지 이동한 것으로 조사됐다.

이러한 상황들은 수돗물에 대한 불신을 더욱 부채질했고 이

정수기에서 물을 받는 모습

는 정수기와 생수 판매의 증가로 이어졌다. 수돗물을 믿지 못하는 국민들이 정수기를 더 구입하고, 생수 이용을 늘렸다는 이야기다. 최근 연구에 따르면 1990년대 이후 수돗물 오염에 대한 국민적 불안이 커질 때마다 상대적으로 정수기 시장이 급격히 확대됐다. 결국 계속되는 수돗물 관련 사건들은 수돗물에 대한 불신을 높이면서 신뢰를 떨어뜨렸고, 이는 수돗물 외에 다른 물의 수요를 창출했다는 것이다.

이러한 상황은 통계로도 확인할 수 있다. 정수기 판매대수는 2011년 177만 대에서 매년 증가해서 2017년에는 222만 대를 기록했으며, 판매 금액 또한 2011년 1조7천억 원에서 2017년

2조3천억 원으로 늘어났다. 2019년 붉은 수돗물 사태를 겪은 후 2020년 상반기에는 온라인 쇼핑몰 G마켓의 경우 전년 동일 기간 대비 정수기 판매가 126% 증가했다. 이처럼 정수기 판매 자체가 매년 증가하는 추세에서 큰 사건이 발생하면 그 추세가 더욱 급격히 상승한다. 반대로 음용수로서의 수돗물의 위치는 제자리에서 더 멀어지고 있다.

4장

물이
정치적으로
이용되고 있다

01

물과 환경을
둘러싼 논란

공공의 적이 되어간 댐

1970년대 댐의 위상은 경부고속도로와 함께 우리나라 경제발전의 중심축이었다. 특히 급격한 산업화와 도시화, 인구의 증가로 용수 수요가 크게 늘어났으며, 이를 해결하기 위해서는 대형 댐의 건설이 필수적이었다.

당시 학교 수업에서도 댐은 인간에게 필요한 물을 공급해주면서 홍수도 막아주고, 수력발전을 통해 전기도 공급하는 고맙고 소중한 존재라고 가르쳤다. 특히 소양강댐이라는 대규모 댐의 건설은 그 자체로도 우리나라의 도약을 상징하는 성과였으며, 모두에게 이익이 되는 혜택으로 여겨졌다.

이러한 이유로 1970년대에는 새로운 댐의 계획과 건설이 줄을 이었으며, 1980년대 들어 대청댐과 충주댐을 비롯한 대형 다목적댐들이 만들어지고 운영이 시작됐다. 하지만 1986년 북한의 금강산댐 건설에 따른 대응으로 평화의댐을 건설하는 과정에서 정권 유지를 위해 당시 정부가 대국민 사기극을 벌였다는 사실이 알려지면서 댐에 대한 기존의 인식이 바뀌기 시작했으며, 이후 1990년대 들어 시작된 활발해진 환경운동으로 댐 건설에 대한 부정적인 시각은 높아져 갔다.

영월댐 건설의 백지화는 댐 건설에 대한 시각을 완전히 바꾸는 전환점이었다. 1990년 한강유역 대홍수로 인해 영월지역의 댐 건설 필요성이 제기됐으며, 1991년 4월 당시 건설교통부(현 국토교통부)가 영월댐 건설계획을 공식화했다. 이후 1998년 8월 건설교통부는 영월댐 착공을 발표했지만, 영월과 평창, 정선 등 3개 군의 주민들이 영월댐 백지화 투쟁위원회를 결성했다. 여기에 여러 환경단체가 참여하면서 건설에 대한 반대운동이 전국적으로 확산됐다.

이후 다양한 의견과 토론, 충돌이 반복되었고 결국 당시 김대중 대통령이 2000년 6월 5일 환경의 날을 맞아 영월댐 건설 백지화를 공식 선언하면서 일단락을 지었다. 이 사건을 계기로 이후 정부의 댐 건설 계획들은 모두 추진에 어려움을 겪게 되었으며,

대형 댐 건설의 시대는 종지부를 찍었다.

댐의 가치평가에 대한 논란

영월댐 논란은 그 이전에는 고려하지 못했던 환경에 대한 가치가 크게 부각되면서 개발논리와 보존논리가 첨예하게 대립된 사례였다. 결국 환경단체의 지속적인 반대와 여론 등으로 고심하던 정부는 김대중 대통령의 결단으로 영월댐 건설 사업 계획을 취소하게 된다.

이러한 결정에 큰 역할을 한 것 중 하나가 댐 건설에 대한 경제성 분석 결과였다. 특히 한국수자원공사의 경제성 분석 결과와 타 전문가의 결과가 상이하게 나오면서 더 큰 논란이 생겼었다.

다음 표의 왼쪽은 한국수자원공사(1997)에서 수행한 경제성 분석 결과로서 환경질 변화를 고려하지 않았다. 이로 인해 140억 원 정도의 순 편익이 발생했으며, B/C[*]는 1.02로 1을 초과하는 값이 산출됐다.

오른쪽 표는 곽승준 등(1999)이 환경질 변화를 고려해서 다시 수행한 경제성 분석 결과다. 여기에는 사회적 비용 항목이 추가되

---

[*] 비용(Cost)과 편익(Benefit)의 비로 통상 B/C가 1보다 큰 경우 사업성이 있는 것으로 평가됨

영월 다목적댐 경제성 분석 비교

환경질 변화를 고려하지 않은 경우 (한국수자원공사, 1997)		환경질 변화를 고려한 경우 (곽승준 등, 1999)	
항목	금액(백만 원)	항목	금액(백만 원)
총 편익	936,398	① 사적 비용	114,969.0
		② 환경 비용	111,875.1
총 비용	922,331	③ 사회적 비용 (=①+②)	226,844.1
순편익	14,067	④ 편익	115,603.0
		⑤ 사적 순편익 (=④-①)	634
비용편익비(B/C)	1.02	⑥ 사회적 순편익 (=④-③)	-111,241.1

환경 비용에 대한 고려 여부에 따라 경제성 분석 결과가 상이하게 나타난다.

면서 사적 순편익은 6억 원 정도로 평가됐지만 사회적 순편익은 마이너스 1,112억 원이 되면서 사업 자체의 실효성에 큰 의문이 제기됐다. 환경비용을 고려하니 순편익이 마이너스가 되면서 사업성이 없어진 것이다.

이처럼 환경에 대한 고려 여부에 따른 상반된 분석 결과는 지속적인 논란의 소지를 제공했으며, 결론적으로 환경의 가치가 더 중요하다는 판단 속에 댐 건설 계획이 취소되는 상황에 이르게 된다. 이후 대부분의 수자원시설 건설 계획의 수립에 있어 환경에 대한 고려는 매우 중요하고 필수적인 사항이 되었다.

4대강 사업에 대한 논란

사업의 배경, 진행과정, 준공 및 운영, 이후의 논란, 기타 다양한 이해관계의 충돌 등 4대강 사업과 관련된 사항은 그 주제 하나만도 이 책에서 모두 다루기 어려울 만큼 많은 의견이 존재한다. 이명박 대통령의 선거 공약이자 대통령 당선인 시절 국정 과제의 하나로 발표된 '한반도 대운하'°°가 그 실효성과 경제성 등에 대한 논란으로 반대에 부딪히자 이를 대신해서 '4대강 정비사업'을 추진하게 된다. 총 사업비 22조 원을 투자해서 한강, 낙동강, 금강, 영산강 등 4대강의 제방을 정비하고 하도를 준설하며, 총 16개의 보를 설치하는 사업이었다.

많은 이해관계자들의 참여와 반대 속에서 임기 내에 사업을 마무리하고자 했던 이명박 대통령의 추진 의지에 힘입어 2013년 초 사업이 완료된다. 하지만 사업의 효과와 절차, 경제성 등에 대한 논란은 끊이지 않았으며, 총 4회에 걸친 감사원의 감사가 있었다. 또한 박근혜 정부 시절에는 국무조정실 주관으로 '4대강 사업 조사·평가위원회' 활동이 진행되었으며, 4대강 사업의 성과에 대한 종합적인 평가가 제시된 바도 있었다.

하지만 더 큰 영향은 4대강 사업에 대한 논란이 지속되면서 우리나라 물관리 전반에 대한 문제점이 4대강 사업에서 시작된

°° 서울부터 부산까지 내륙에 운하를 건설해서 물류를 이동시키는 계획

것처럼 논의가 진행된 것이다. 물관리의 중심인 국토교통부는 4대강 사업을 추진한 원죄(?)가 있는 부처이므로 앞으로 물관리에서 배제해야 하며, 여러 부처에 분산되어 있었던 물관리 기능을 일원화해야 한다는 목소리가 높아졌다.

2017년 5월 새로이 출범한 문재인 정부에서는 2017년 5월 22일 문재인 대통령의 지시로 국토교통부의 수자원국을 환경부로 이관하고, 수량과 수질을 통합해서 관리하는 물관리 일원화를 추진하게 된다.

02

물관리가
일원화되다

물관리 일원화

문재인 대통령이 취임 직후 지시한 물관리 일원화는 2018년 5월 28일 물관리 일원화 3법인 물관리기본법, 정부조직법, 물관리기술 발전 및 물산업 진흥에 관한 법률 등의 개정이 국회를 통과함으로써 출발이 마무리됐다. 이어 2018년 6월 5일 국무회의에서 3법의 시행령이 심의 및 의결됐다.

따라서 국토교통부가 담당하던 댐과 보의 운영 및 하천관리에서 수량에 대한 업무가 환경부로 이관됐다. 이 과정에서 수자원

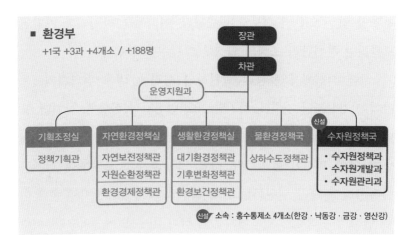

물관리 일원화 직후 환경부의 조직도

정책 개발, 수자원산업 육성, 친수구역 조성, 홍수 통제·예보 및 수문조사 등의 기능을 담당했던 수자원정책국이 환경부로 소속을 옮겼다. 여기에 한강·낙동강·금강·영산강 등 홍수와 갈수의 예보 및 통제, 댐과 보의 연계운영 등을 담당하는 4개 홍수통제소도 환경부로 이관됐다. 기관과 더불어 5개의 법도 환경부로 이관됐는데, 여기에는 수자원의 조사·계획 및 관리에 관한 법률, 지하수법, 댐건설 및 주변지역지원 등에 관한 법률, 친수구역 활용에 관한 특별법, 한국수자원공사법 등이 포함됐다.

하지만 하천관리 기능이 국토교통부에 남았다. 국토교통부 국토정책관 산하로 하천계획과가 이전하면서 지방국토관리청의 하천관리 업무도 그대로 남았다. 그러나 2020년 12월 9일 정부조직법 개정안이 다시 한 번 국회를 통과하면서 2022년 1월에는 하천관리 업무 또한 환경부로 이관된다. 여기에는 하천법과 지방국토관리청 하천관리 조직의 환경부 이관이 포함된다.

지금 시점에서 물관리 일원화의 성과에 대해 평가하기에는 아직 시기상조일 것이다. 하지만 2020년 8월 섬진강댐, 합천댐, 용담댐 등의 하류에서 발생한 침수피해로 인해 물관리 일원화에 대한 다양한 의견이 표출됐다. 하천 기능을 국토교통부에 남겨둔 반쪽자리 물관리 일원화로 인해 하천의 제방정비가 미흡했고 이로 인해 침수피해가 발생했다는 주장과 치수보다는 이수를, 이수보다는 수질을 더 중요시하는 정책이 댐 운영에 영향을 미쳐 이런 피해를 유발했기에 환경부로의 물관리 일원화는 적절하지 않다는 주장도 대두됐다.

물관리는 누구를 위한 것일까? 누구를 위한 물관리가 되어야 할까? 당연히 국민을 위한 물관리가 되어야 한다. 하지만 멀리는 영월댐 백지화 결정부터 그 이후 4대강 사업의 추진과 논란, 최근의 물관리 일원화까지 모두가 주장하는 물관리는 물을 관리하거나 관계된 사람들을 위한 것이 아니었을까?

정부 부처, 관련 공기업, 시민환경단체, 전문가 그룹, 산업체 종사자 등 물관리와 관련해서 다양한 관계자들이 존재한다. 모두가 앞으로 닥쳐올 미래의 예측 못할 환경에서도 국민들에게 안정적으로 물을 공급하고 물에 의한 재해로부터 안전한 국가를 만들기 위한 마음으로 물관리에 힘써야 한다.

물관리기본법의 제정과 평가

2018년 6월 제정된 '물관리기본법'은 물관리 일원화의 중심이
되는 법이다. 총 6장, 45조로 구성된 법 조항에서는 물관리의 기
본원칙, 물관리위원회, 국가물관리기본계획, 물분쟁의 조정, 물문
화 육성 및 국제협력 등의 내용이 주축을 이룬다.

제1장 총칙
  제1조(목적)
  제2조(기본이념)
  제3조(정의)
  제4조(물 이용의 권리와 의무)
  제5조(국가와 지방자치단체의 책무)
  제6조(사업자의 책무)
  제7조(다른 법률과의 관계)
제2장 물관리의 기본원칙
  제8조(물의 공공성)
  제9조(건전한 물순환)
  제10조(수생태환경의 보전)
  제11조(유역별 관리)
  제12조(통합 물관리)
  제13조(협력과 연계 관리)
  제14조(물의 배분)
  제15조(물수요관리 등)
  제16조(물 사용의 허가 등)
  제17조(비용부담)
  제18조(기후변화 대응)
  제19조(물관리 정책 참여)
제3장 물관리위원회
  제20조(국가물관리위원회 및 유역물관리위원회의 설치 등)
  제22조(국가물관리위원회의 기능)
  제23조(유역물관리위원회의 구성)
  제24조(유역물관리위원회의 기능)

물관리기본법. 물관리 기본원칙, 물관리위원회, 국가물관리기본계획, 물분쟁의 조정 등이 주된 내용이다.

　많은 기대를 받고 제정된 '물관리기본법'이지만 이 법이 실제 물관리를 위한 실질적인 기본법의 역할을 할 수 있겠느냐는 물음도 여전한 것이 사실이다. 이에 대한 다양한 의견이 있을 수 있다. 한국수자원학회 원로회의 의장인 윤용남 고려대 명예교수는 한국수자원학회지에 다음과 같이 기고한 바 있다.

- 물관리기본법은 환경부로의 물관리 조직체계 일원화 이후의 국가 물관리 조직체계를 그대로 유지한 채 다수 부처의 물관리 행정을 통합 조정하는 기구로 국가/유역물관리위원회를 설치·운영하는 것을 골자로 하는 물관리위원회의 설치·운영에 관한 법률의 성격을 띠고 있음.
- 환경부로의 물관리 일원화에 따른 물관리기본법 제정 배경의 변화를 감안하면 농업용수 관리와 수재해에 대한 방재업무의 조정·통제를 위해 거대 조직으로 예상되는 국가물관리위원회라는 신규조직을 옥상옥으로 설치할 것인가는 심사숙고가 필요한 사안이라 할 수 있음.
- 물관리기본법의 국가물관리기본계획과 유역물관리종합계획에 기반한 통합 물관리 행정의 작동 메커니즘에 현실성이 결여되어 있을 뿐 아니라 전반적으로 법률 조항들의 구체성 또한 부족한 상태임. 따라서, 일본 물순환기본법이 실무집행되지 못하고 있는 사례를 벤치마킹하면서 물관리기본법이 통합물관리 실무에 적용될 수 있는 법률의 요건을 갖추었는지에 대한 재검토가 필요함.

윤용남 교수의 물관리기본법에 대한 평가 중 일부 내용. 물관리위원회의 필요성과 물관리기본법의 실제 적용 가능성에 대해 의견을 제시했다.

윤용남 교수는 1990년대 이후 물관리 조직과 체계의 변화 과정을 언급하면서 물관리기본법의 제정 배경과 문제점 등에 대해 여러 의견을 제시했다. 특히 환경부로의 물관리 일원화가 진행된 상황에서 굳이 물관리위원회가 필요한지에 대한 부분과 국가물관리기본계획 및 유역물관리종합계획이 실제 작동 가능할지에 대해 평가했다.

현재 물관리기본법이 제정된 지 3년 정도 지난 시점에서 법 조항에 따른 여러 사안들이 추진 중에 있다. 물관리기본법의 제정 취지에 맞게 국민의 삶의 질 향상을 위한 물관리가 진행되어야 한다.

一

2부

변화에
대비하라

BEYOND
WATER

우리는 이미 길을 알고 있다

2부에서는 기후뿐만 아니라 우리 사회와 국민의식 등 다양한 여건 변화를 고려해 물관리를 어떻게 할 것인지에 대한 기본방향을 제안한다. 인간은 적응의 동물이다. 그러나 변화의 과도기에 받을 충격의 크기는 대비 정도에 따라 다르다. 물관리 여건 변화는 어제, 오늘의 문제는 아니었다. 그동안의 대비책들을 되짚어 보고 앞으로 준비해야 할 것들을 찾아야 한다.

5장

기후 변화에
대비하라

01

홍수와
공존하는 하천

전 세계 물의 흐름에 기후 변화 영향 입증

스위스 취리히 연방 공과대학의 소니아 세네비라트네 교수 (Sonia Seneviratne, Professor of Land-Climate Dynamics at ETH Zurich) 연구팀은 전 세계 7,250개 하천을 대상으로 1971년부터 지난 40년 동안의 유량 변화를 조사했다. 그 결과 기후 변화 영향으로 강의 유량 변동폭이 커졌다는 것을 발견했다. 일부 지역에서는 물이 줄어드는 반면, 또 다른 지역에서는 물이 많아지는 현상이 뚜렷해졌다. 이러한 현상 때문에 전 지구적으로 극심한 홍수 또는 가뭄이 잦게 발생한 것으로 분석했다.

기후 변화 외에도 관개나 토지이용 등 인간 활동으로 인한 하천의 흐름과 특성 변화 여부를 시뮬레이션을 통해 확인했다. 그러나 유량 변화에는 큰 영향을 주지 않았다.

기후 변화가 발생했을 경우와 발생하지 않은 경우를 구분하여 수문학적으로 분석하고, 실측 하천유량 변화와 비교도 하였다. 기후 변화가 발생하지 않은 경우의 분석결과는 실측 하천유량과 일치하지 않았다. 반면, 기후 변화 발생을 가정한 시뮬레이션 결과는 실측 하천유량과 일치했다. 이것은 실측된 하천유량의 변화는 기후 변화 없이는 발생할 가능성이 매우 낮음을 의미한다.

이 연구결과는 기후 변화가 전 세계적인 물의 흐름에 가시적 영향을 미친다는 것을 실제 관측 데이터를 통해 최초로 입증했다는 점에서 의미가 크다.

기후 변화에 따른 우리나라 하천유량 변화 전망

2020년 9월, 환경부는 기후 변화에 대응하기 위한 홍수대책 수립의 일환으로 〈기후 변화로 인한 장래의 강수량 및 홍수량의 증가 정도〉를 발표했다. 온실가스 배출이 현재 수준을 유지한다는 시나리오를 적용한 결과이다.

강수량은 21세기 초기(2011~2040년)에는 3.7%, 중기(2041~2070년)

에는 9.2%, 후기(2071~2100년)에는 17.7% 증가가 전망됐다. 특히 21세기 후기에는 특정 연도 강수량이 41.3%까지도 증가했다.

또한 댐과 하천제방 등 홍수방어시설의 설계 시 이용되는 홍수량을 예측한 결과, 2050년경에는 홍수량이 현재 대비 11.8% 증가했다. 홍수량 증가는 유역별로 편차가 컸다. 한강유역은 홍수량이 조금 감소(-9.5%)하는 반면 금강(20.7%), 낙동강(27%), 영산강(50.4%), 섬진강(29.6%) 유역의 홍수량은 큰 폭으로 증가했다.

이렇게 미래 강수량 및 홍수량이 증가하면 현재 100년 빈도로 설계된 하천제방 등의 치수안전도가 지점에 따라 최대 3.7년까지 급격히 낮아진다. 이는 현재 100년에 한 번 범람 가능한 확률로 설계된 하천제방이 미래에는 4년에 한 번 꼴로 범람할 수 있는 확률을 가지게 됨을 의미한다.

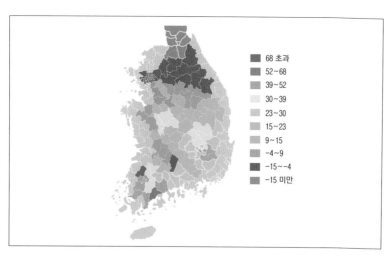

온실가스 배출이 현재 수준을 유지했을 때 홍수량증가율을 보여 주는 그림으로, 2050년 우리나라는 전반적으로 홍수량이 증가한다.

증가하는 홍수의 위험을 수용할 준비

국토교통부는 기후 변화와 도시침수에 대비, 국토의 홍수대응능력을 향상시키기 위해 2019년 1월 〈하천 설계기준〉을 전면 개정했다. 새롭게 개정된 〈하천 설계기준〉에는 침수 저감을 위해 하천과 그 주변의 수량을 함께 분석하는 기술을 반영했다. 또한 저지대, 반지하 주택 등 시가지 유역의 특성을 고려해 하천 정비계획을 수립하도록 했다. 상습 도시침수지역에 대한 홍수대책과 기준을 강화한 것이다.

또 기후 변화로 인한 국지성 호우 피해에 대비해 기후 변화 시나리오 및 지역빈도 해석 등을 새로이 포함시켰다. 하천 주변의 사회·경제적 가치와 인구밀도 등 중요도에 따라 치수계획 규모를 달리 설정하도록 '선택적 홍수방어'를 규정함으로써 환경 변화에 맞춰 다양한 기술적 검토가 가능해졌다. 이전까지는 하천의 등급에 따라 치수계획 규모를 일률적으로 적용했다.

미국, 네덜란드, 독일이 홍수방어목표를 설정할 때는 완벽한 홍수방어가 불가능함을 인식하는 데서 시작한다. 특히, 이들 국가는 도시 구간에 필요한 홍수방어목표를 결정하는 것이 어렵다는 것을 체감해 왔다. 또한 위험도에 대한 고민 없이 법령·기준에 명시된 홍수방어목표를 일괄 적용하는 문제점도 인식하고 있다.

• 미국과 네덜란드에서는 홍수방어 실패로 인한 하천연안지역

위험도를 정량적으로 평가한 뒤 사회의 안전규범에 비추어 설계빈도를 신중하게 결정하는 데 집중

- 독일은 외형상 하천연안의 토지이용에 따른 설계빈도를 구분하고 있지만, 위험이 높은 특정 구간에 대해서는 500년의 설계빈도 범위 내에서 높은 설계빈도의 필요성을 개별적으로 입증하는 방식을 채택

하지만 우리나라는 하천등급에 따라 설계빈도 범위를 구분하고 관리청의 주관적 판단에 따라 일부 구간을 상향 조정하는 홍수방어목표 선정방식을 취하고 있는데 미국, 네덜란드, 독일에 비해 하천연안의 위험특성을 제대로 고려하기에는 한계가 있다. 이는 하천계획 분야에 전문성과 경험이 풍부한 공무원, 전문가들도 현재 홍수방어목표 설정방법이 부적절하다고 인식하고 있음이 반증한다.

홍수방어목표를 설정할 때는 설계빈도 개념에서 빈도와 피해를 종합한 위험도 개념으로 전환해야 한다. 정부와 전문가들은 하천연안의 특성을 고려하여 구간별로 홍수방어목표를 차등화하는 방안을 마련해야 한다. 홍수 위험도 관리를 위해 위험도를 표준화하고 법제화하는 한편, 우리 사회가 어느 정도의 위험도를 수용할 것인지에 대해 진지하게 고민하고 해법을 찾아야 한다.

02

침수피해 증가와
댐 운영

빈번히 발생하는 댐 하류지역 침수피해

총 저수용량 1,530만 m³, 홍수조절용량 300만 m³에 불과한
괴산댐은 1980년 7월 22일 집중호우로 월류가 발생하여 인근 지
역이 침수되는 등 주변에 피해를 초래했다. 2017년 7월 16일에도
집중호우 및 방류로 인해 하류 저지대가 침수되고 제방도로가
붕괴되는 등 홍수피해(괴산군 기준 침수면적 74만 7,000m², 재산피해액
7.9억 원)가 있었다.

2017년 당시의 괴산댐 상황을 살펴보면 수위가 EL.(해발표고)

국내 기술진이 설계·시공한 최초의 수력발전댐인 괴산댐 전경. 현재는 공도교(公道橋)가 개방되어 누구나 괴산댐 위를 걸을 수 있다.

135.5m로 홍수기 제한수위인 134m를 초과한 9시에 7개 수문 모두를 개방했다. 12시에는 수문을 최대치(수문 7개×최대 개도 높이 8m)로 개방했지만 댐 수위는 계속 상승했다. 14시 30분에는 월류수위인 137.65m에 5cm 부족한 137.60m에 도달했다.

같은 시간 댐에서 1km 떨어진 수전교는 7~9시 사이에 수위가 4.08m 상승하여 14시 이후에는 계획홍수위(116.9m)를 0.29~0.32m 초과했다. 6km 떨어진 괴강교는 9시부터 계속 계획홍수위(110.84m)를 0.4~1.25m 초과했고 일부 지역은 범람하여 피해가 발생했다.

지난 2020년 8월 초, 중남부를 덮친 폭우로 금강, 섬진강 수계의 댐들이 잇달아 방류했고 침수피해가 발생했다. 하류 주민들은 침수에 대비할 시간도 주지 않고 지나치게 많은 방류를 해 피

용담댐 방류 후 침수되었던 금산군 제원면 소재지 부근 부리면 인삼밭 모습

해가 커졌다고 주장했다.

충남 금산군, 전북 무주군, 충북 영동군·옥천군은 8월 11일 성명을 내어 "용담댐 방류로 침수피해가 커졌다"며 한국수자원공사를 항의 방문하고 피해 대책을 촉구하기도 했다.

특히, 금산군은 수자원공사가 용담댐을 방류하면서 대책을 마련할 시간도 없이 방류량을 급격하게 늘리는 바람에 침수피해가 발생했다고 주장했다. 금산군의 자료에 따르면 용담댐 방류량은 7일 오후 3시 초당 297.72m³에서 8일 낮 12시 초당 2913.55m³로 약 10배 정도 증가했다.

댐 방류량이 급증하면서 금산군 제원면과 부리면은 인삼밭 200ha와 논밭 등 농경지 471ha, 125가구가 차례로 물에 잠겨 주민 233명이 대피했다. 또 가압장이 침수돼 복수면 목소리, 금성면

마수리 지역의 급수가 중단됐다.

1,318명의 생활터전을 잃어버린 전남 구례의 사례도 이와 유사했다. 한국수자원공사 섬진강지사는 오전 6시 23분에 "6시 30분부터 초당 1,000톤을 방류한다", 7시 52분에는 "8시부터 1,868톤을 방류한다"는 문자를 구례군청 담당 공무원에게 발송했다.

일부 공무원들이 섬진강댐을 지키려다 구례가 쑥대밭이 됐다고 항의한 것으로도 알려졌다. '섬진강 수해극복 구례대책위'는 수해 주요 원인으로 집중호우보다 섬진강댐의 불시 방류를 지목했다. 섬진강댐 하류 주민들을 전혀 고려하지 않고 예고 없이 최대치를 방류한 결과 피해가 커졌다고 주장했다.

입장 차이가 극명한 '홍수기 제한수위' 운영

댐의 수위는 크게 최고수위, 홍수위, 상시만수위, 홍수기 제한수위, 저수위 등으로 구분된다. 괴산댐, 용담댐, 섬진강댐 사례에서도 볼 수 있는 홍수기 제한수위 운영을 놓고 말이 많다.

한국수자원공사의 〈댐관리규정〉에 의하면 홍수기 댐의 용도는 홍수조절이 먼저고, 홍수 발생 시 방류량을 최소화하기 위하여 사전에 홍수량을 담아둘 수 있는 공간을 충분히 확보해야 한다. 매우 상식적인 규정으로 보이지만 실상 운영 측면에서는 쉬운 문제가 아니다. 만약 잘못된 판단으로 댐을 비워두게 되는 경우 향후 용수공급 부족사태가 발생할 수 있기 때문이다.

- 홍수기 제한수위(Restricted Water Level, RWL) : 홍수조절용량을 더 확보하기 위해 홍수기에 제한하는 수위. 홍수기와 비홍수기에 따라 홍수조절용량과 이수용량이 달라지고 시기에 따라 홍수조절, 이수 두 목적 모두로 사용 가능한 용량을 '공용용량'이라고 하는데 홍수기 제한수위는 공용용량의 하한수위. 홍수기에는 치수 목적으로 공용용량을 미리 방류
- 상시만수위(Normal High Water Level, NHWL) : 비홍수기 저수 상한 수위. 이수용량 최대 범위

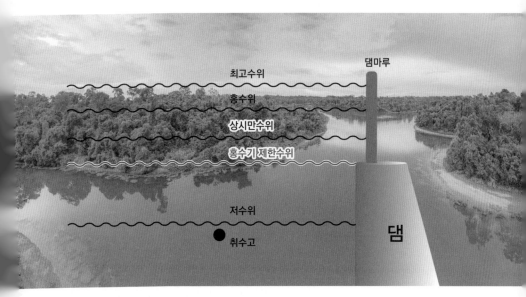

여러 목적을 위해 구분된 댐 수위의 종류

- 홍수위(Flood Water Level, FWL) : 홍수 조절을 위해 유입홍수를 저장할 수 있는 가장 높은 수위. 계획홍수위라고도 하며, 200년 빈도 홍수를 기준으로 산정
- 최고수위(Maximum Water Level, MWL) : 가능최대홍수(Probable Maximum Flood, PMF)가 저수지로 유입될 경우의 저수지 목적별 최대 수위. 댐 마루 표고는 최고수위에 여유고를 두어 결정

예측→판단→대비→대응에 효율적인 댐 운영

물리적으로 발생할 수 있는 이론적 최대 강수량을 고려하여 설계된 댐이 붕괴될 가능성은 사실상 매우 낮다. 다만, 빈번히 댐 월류의 위험성이 대두되고 댐 하류부에서 침수피해가 발생하는 것은 결국 댐 홍수조절기능 운영의 어려움을 반영한다.

따라서 기후 변화의 영향까지 고려(영국은 기후 변화로 인한 치수안전도 악화에 대비하여 미래 수문량에 대해 가중)하여 댐의 홍수조절능력을 재진단하고, 용수 공급에 지장이 없는 범위 내에서 필요시 댐 사용권 재분배도 적극 검토해야 한다.

〈댐관리규정〉에서는 수문방류계획 수립(홍수통제소 승인) 후 방류 3시간 전까지 계획을 통보하도록 하고 있다. 그러나 하류 주민 및 관계 기관들이 긴급대응하기에 3시간은 부족하게 느껴진다. 따라서 최소한 하루, 이틀 전에는 수문방류계획을 통보해줄 수 있

는 방안 마련도 시급하다.

마지막으로 댐 운영과 연계된 홍수예보 및 대응은 기상청, 한국수자원공사, 한국수력원자력, 홍수통제소(환경부), 지자체가 연계되어 있다. 그러나 각 기관의 의사결정 검증체계가 미비하고, 각 기관 간 요청-승인-전파/공유에 시간이 소요되고 있다.

따라서 홍수기 때만이라도 한시적으로 이들 기관이 통합적으로 댐 운영과 하천상황을 종합적으로 예측·판단하고, 대비·대응할 수 있는 방안도 의미 있을 수 있다.

03

빗물을 빨리 흘려보내는 것이
최선은 아니다

침수된 수도! 서울

2010년 추석 연휴의 첫날인 9월 21일 서울 중남부 지역에
시간당 100mm가량의 장대비가 내렸다. 하루 강우량이 최고
200mm에 달하는 집중호우가 내려 강남역뿐만 아니라 광화문,
신촌, 군자 등 서울 도심 곳곳이 침수되었다.

광화문 사거리 일대는 흙탕물로 가득 찼다. 지하철 광화문역
은 침수피해가 심해 경찰이 만약의 사태에 대비해 출입구를 봉쇄
했다. 청계천 인근 광화문 사거리는 차도에 물이 많이 고이자 차

2010년 9월 침수가 발생했던 광화문 일대

량이 중앙 1~2개 차로로 몰려 거북이 운행을 했다.

광화문 외에도 강서와 강남, 강북 지역도 마찬가지였다. 상암 지하차도와 한남 고가도로, 외발산 사거리, 살곶이길, 올림픽대로 개화육갑문, 연희 지하차도 등 17곳의 차량 통행이 통제됐다. 공식적인 통제 구간에 포함되지 않았더라도 차량 통행이 불가능할 정도로 물에 잠긴 도로가 속출했다.

강남 신논현역 사거리에서 강남역 사거리 구간 도로는 물이 성인의 무릎 높이 이상으로 불어나면서 차량이 물속에 갇혀 오도 가도 못하는 상황을 맞았다. 테헤란로 삼성역 부근 도로도 침수돼 자동차들이 멈춰 섰다. 강남역 일대가 조성된 이후 소통이

2010년과 2011년 침수피해가 발생했던 강남역 사거리. 강남역 일대는 주변보다 낮아 빗물이 모여드는 지형적 특성을 보인다.

완전히 마비될 정도로 침수된 최초의 사례이다. 2011년 7월, 광화문과 강남 일대의 침수는 다시 반복되었다.

수도 서울 침수 후 10년! 한반도가 침수되다

10년이 지난 2020년, 6월 10일 제주 지역을 시작으로 8월 16일 중부 지역까지 약 한 달 하고도 보름간 장마가 발생했다. 장마철 기간은 중부와 제주에서 각각 54일, 49일로 1973년 관측

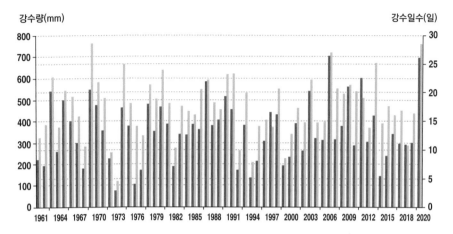

강수량(mm) 강수일수(일)

1961년 이후 장마기간 중 전국 평균 강수량 및 강수일수를 보여주는 그래프로, 2020년에는 강수량과 강수일수 모두 역대 두 번째를 기록했다.

이후 가장 긴 장마로 기록됐다.

이 기간 동안 발생한 전국 강수량은 686.9mm로 과거와 비교하여 2번째로 많은 양이었고, 중부 지역의 강수량은 851.7mm로 최대치를 기록했다.

2020년 장마기간에 발생한 집중호우로 세 차례에 걸쳐 총 38개 시·군·구 및 36개 읍·면·동이 특별재난지역으로 선포되는 등 많은 피해가 발생했다. 특히 부산과 대전에서 상대적으로 큰 피해가 발생했다. 7월 23일 부산 기장군 지역에는 시간당 81.6mm의 집중호우로 초량 제1지하차도가 2.5m까지 침수되어 3명이 사망했다. 7월 30일 대전에는 시간당 102mm의 폭우가 내려 KTX 선로 및 서구 정림동에 위치한 아파트 1층 28가구와 자동차 100대가 침수피해를 입었고, 주민 1명이 사망했다.

한계에 부딪힌 배수용량 키우기

일반적인 도시지역 침수는 하천이 범람하여 발생하는 '외수침수'와 우수관거나 빗물펌프장 등의 배수계통 불량 또는 용량부족으로 인한 '내수침수'로 구분된다. 도시지역은 인구밀도가 높고, 경제·사회적으로 중요도가 높기 때문에 하천 및 하천 주변에 대한 정비사업을 꾸준히 추진해 왔다. 따라서 최근의 도심지 침수는 외수침수보다는 내수침수 형태를 주로 보인다.

이러한 이유로 행정안전부는 지자체별로 일정량 이상의 강우에도 침수가 발생하지 않도록 배수 처리 가능한 강우량(방재성능목표)을 정하여 배수시스템을 개선하는 노력을 해왔다. 그러나 여전히 설계강우량을 초과하는 폭우는 빈번히 발생하고 있고, 배수용량 초과에 따른 침수피해 또한 지속적으로 발생하고 있다.

내수침수는 집중호우뿐만 아니라 지형 및 하천수위, 우수관거 및 맨홀 등의 유지관리 상태 등 여러 요인이 복합적으로 작용한 결과이다. 따라서 단순히 우수배수시설의 용량을 키워 빗물을 빨리 흘려보내려는 해결책은 한계가 있다.

진짜 위험한 지역은 어디인가?

환경부는 홍수위험지도를 제작하여 배포하고 있다. 홍수위험지도는 홍수시나리오별(국가하천 100년·200년·500년 빈도, 지방하천 50년·80년·100년·200년 빈도) 하천 주변지역의 침수위험 범위와 깊이를 나타낸다. 침수 깊이는 0.5m 이하부터 5m 이상까지의 5단계로 구분해 색상을 달리 보여준다.

한강의 100년 빈도 침수범위와 깊이를 보여주는 홍수위험지도

기초지자체는 홍수위험지도를 토대로 자연재해저감종합계획을 수립하고 재해정보지도를 제작한다. 재해정보지도는 수해로 인한 피해를 예방 및 경감하고 침수 예상지역으로부터 대피할 수 있도록 각종 정보를 알기 쉽게 도면에 표시한 것이다.

그러나 홍수위험지도에 표시된 침수위험 범위와 침수 깊이는 해당 홍수시나리오를 토대로 제방 붕괴 및 제방월류 상황이 발생한다는 가상의 분석 결과일 뿐 실제 하천제방의 안전성과는 무관하다. 실제 시나리오상의 강우가 왔을 때 정말 그 지역이 침수될 것인지에 대해서는 누구도 확신하지 못한다. 그렇기 때문에 홍수위험지도에 근거한 재해정보지도 또한 활용성이 낮다.

실제 침수가 발생한 지역은 재해예방사업을 시행함에 따라 재해위험요소가 해소되었다고 판단한다. 그래서 침수흔적도의 활용도도 낮다. 홍수위험지도, 재해정보지도는 과거 침수되었던 지역을 제대로 담고 있는지 살펴봐야 한다.

결국은 물순환체계를 개선해야 한다

일본과 유럽의 경우도 도시홍수 예방대책을 수립하기 위해 재해지도를 적극적으로 활용하고 있다. 과거 발생한 홍수에 대한 홍수흔적도, 향후 홍수가 예상되는 홍수위험도 등 재해지도 작성과 활용 의무를 규정하고 있다. 특히 일본의 경우 '특정도시하천 침수피해 대책법'을 제정하여 도시홍수 예방 및 피해저감을 위한 종합대책을 수립하고 있다. 지자체장, 도시하천관리자, 하수도관리자가 공동으로 도시하천유역에 대한 종합 홍수대책인 유역수해 대책계획을 수립한다. 또한 국토교통대신 및 지자체장으로 하여금 소관 지역에 대한 도시홍수 또는 도시침수 정보의 전달방법, 원활하고 신속한 피난체계 등을 수립하도록 하고 있다. 그러나 사정은 우리나라와 비슷하다. 다시는 침수된 '수도 서울'과 '한반도'를 보지 않기 위해서 우리는 어떻게 해야 하는가? 결국은 도시 전체와 하천 유역 전반에 걸친 물순환체계를 바꾸려는 노력을 해야 한다. 물순환체계 변화는 도시화 문제와도 직결된다.

6장

사회 변화에
대비하라

01

물순환체계를
바꾸는 도시화

전 세계 인구 55% 이상은 도시에 살게 된다

도시화는 농촌과 외곽지역의 인구가 도시로 이주하면서 도시지역에 인구가 집중되는 현상을 의미한다. 전 세계 도시 거주 인구는 1975년 15억 명에서 2015년 35억 명으로 급증했다. 이는 각국의 중·소도시뿐만 아니라 대도시도 빠르게 성장하는 등 전 세계적으로 도시화(urbanization)가 급속도로 진행되고 있음을 의미한다.

2020년 OECD가 전 세계 도시화 트렌드와 전망, 향후 정책

방향을 분석한 〈세계의 도시-도시화의 새로운 지평〉에 따르면 최근의 도시화 진행속도를 감안할 때 2050년에는 전 세계 인구의 55%가 도시에 거주할 것으로 보인다.

그러나 도시성의 확산과 심화와 같은 질적인 측면의 변화도 도시화의 또 다른 모습이다. 즉, 농촌지역이었던 곳은 산업화와 연계되어 인구와 경제규모가 증가한다. 이로 인해 생활방식, 문화 등이 바뀌는가 하면 기존 도시가 포화됨에 따라 외곽지역이 개발 압력으로 시가화되는 도시성의 확산현상도 일어난다.

OECD 보고서에서도 이를 뒷받침하듯 전 세계적인 도시 인구의 증가 추세는 도시 수의 증가(인구 5만 명 이상인 도시수가 2배 증가), 기존 도시의 확장(동일 도시 경계 내에서의 인구 조밀화 및 밀집도 증가), 도시공간의 확장(이전 도시면적 대비 2배 확장)의 세 가지 방식으로 발생한 것으로 분석했다.

| 1957년 | 1972년 | 1988년 | 2005년 |

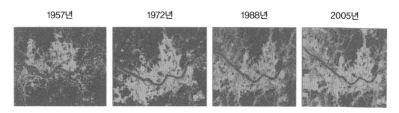

위성사진을 통해 본 서울 시가지가 확장되어 가는 모습

도시화는 물순환체계의 변화를 의미

도시화는 많은 변화를 불러일으킨다. 학문의 분야마다 관심을 갖는 변화 또한 다르다. 인구학자들은 도시의 인구나 밀도의 변화에, 사회학자는 도시민의 의식구조나 사회계층 또는 생활양식의 변화에 관심을 둔다. 지리학자들은 도시의 기능과 영향력이 지역에 어떤 변화를 가져오는가를 주목하는 반면, 경제학자는 산업사회의 변화에 초점을 두고 도시화를 논한다.

물관리 측면에서 도시화와 관련한 화두는 물순환체계의 변화이다. 물순환이란 강수가 지표수와 지하수로 되어 하천, 호수, 늪, 바다 등으로 흐르거나 저장되었다가 증발하여 다시 강수로 되는 연속된 물흐름을 의미한다.

도시 수의 증가, 도시공간의 확장 등 도시화로 인해 콘크리트와 아스팔트 포장면이 늘어나고 각종 건축물들이 빼곡하게 들어서면 상대적으로 높은 불투수면적으로 인해 강우의 표면유출량이 늘어난다. 반대로 침투량과 증발산량은 감소한다.

이로 인해 도시홍수, 비점오염물질 유입에 따른 하천 수질오염, 도시열섬현상 그리고 지하수위 하강 등 다양한 도시환경 문제가 발생한다. 그래서 빗물을 소규모로 분산하여 저류, 침투 그리고 증발산시켜 건전한 물순환체계를 유지하려는 시도와 정책이 지속적으로 마련되어 왔다.

미국 필라델피아의 그린인프라 효과

미국 필라델피아(Philadelphia) 시는 펜실베이니아(Pennsylvania) 주에서 가장 큰 도시로, 미국 독립시기인 18세기에 미국의 수도였다. 현재는 미국 북동부에서 두 번째 도시이자 미국 전체에서 다섯 번째로 큰 도시이다.

필라델피아는 2006년부터 도시계획과 개발계획 전 과정에서 불투수층을 줄이고 그린인프라를 설치하도록 하는 정책을 제도화했다. 또한 개발업자들이 개발허가를 받기 위해 사업 전반에 대한 빗물관리계획을 반드시 수립하도록 규정했다. 더불어 개발사업 후 발생하는 불투수면 비율에 따라 수도요금 체계를 달리 적용하여 도시민들이 불투수층 발생에 대해 책임을 지도록 하고 있다.

도시조례를 통해 그린인프라를 활용하여 불투수면적을 줄이고 건축물을 개선하면 재정적·행정적인 인센티브를 제공한다. 필라델피아 시는 이러한 다양한 정책들을 통해 주민들이 그린인프라를 확보하고 불투수면적을 줄이는 자신들의 노력이 경제적·환경적으로도 이익이 됨을 인지시켰다.

2006년부터 활발히 이루어진 이러한 노력은 도시 전역에 1제곱마일(mi²) 이상의 그린인프라 면적을 확보했다. 또한 홍수 저감효과뿐만 아니라 수질 개선, 경관 조성으로 인한 도시 심미적 환경 개선, 지가 향상까지 다양한 효과를 가져 왔다.

아름다운 필라델피아 시 스카이라인

독일 함부르크의 시도

독일 함부르크(Hamburg) 주정부 도시개발-환경국은 함부르크 상하수도사업본부와 함께 기후 변화 대응형 도시빗물 인프라 구축계획을 수립했다. 이 계획을 통해 현 배수체계가 제공하는 도시 기반 기능을 유지하면서도 하천생태계를 보호하고 동시에 홍수피해를 예방할 수 있는 혁신적인 대응방안을 모색하기 시작했다.

이 계획에는 최근의 물순환 관리 기술들이 총망라되었고 도시 및 공간계획과의 연계, 변화된 외부공간과 계획시설에 적합한 제도적인 조치 또한 포함됐다. 기후 변화에 대응하기 위한 도시기반시설 구축에 다각적으로 노력하는 것이다.

침투시설, 저류시설, 빗물이용시설 등 빗물관리시설 설치를 통해 우수 유출을 최대한 지연시키려 하는 데 도시계획 단계에서부터 규제를 통해 빗물관리시설 설치를 적극적으로 유도하고 있다.

빗물관리를 통해 홍수를 저감시키는 동경

2014년 6월 일본 동경도의 도시정비국, 건설국, 하수도국은 공동으로 유역 차원에서 분담해야 하는 강우량을 발표했다. 개정된 〈동경도호우대책기본방침(東京都豪雨対策基本方針)〉에서는 전체 호우대책량 75mm/hr에서 유역대책이 차지하는 양이 약 10mm/hr가 되도록 규정했다.

이 유역대책을 통해 집중호우의 지역적 편중 현상에 대응하고 동시에 증발산과 침투 등의 도시 물순환 개선 목적을 달성하려는 것이다. 동경도의 이러한 대책은 도시 물순환 개선을 주목적으로 하는 분산형 빗물관리의 역할을 도시홍수 저감대책의 하나로 확대시켰으며, 이를 하나의 명문화된 기준으로 확립했다는 점에서 큰 의의가 있다.

물순환을 고려한 통합물관리

우리나라도 물순환체계를 개선해야 한다는 필요성이 부각됨에 따라 관련 정책을 시행해 왔다. 이러한 정책들은 2018년 물관리 일원화를 기준으로 구분된다. 〈한국환경정책·평가연구원 보고서(2020)〉는 물관리 일원화 이전에는 부처별로 관할 업무 범위 및 개별의 정책 목표 안에서 물순환 관리 정책들을 발전시킨 것으로 봤다. 또한 물관리 일원화 이전의 물순환 관리를 크게 비점오염원 관리형, 대체수자원형, 녹색도시개발형의 세 가지 정책목표로 구분하고 있다.

각 물관리 부문(이수, 치수, 물환경)의 기존 물순환 관리 정책의 특징은 전형적인 그레이 인프라 중심 관리접근으로 보조적, 대체적, 소규모 분산적, 자연친화적, 녹지기반 형태였다. 그 외 수질관리는 비점오염원 관리, 수자원 관리는 대체 및 보조 수자원, 홍수관리는 자연친화적 구조·비구조적 관리, 도시관리는 자연친화적 도시조성 및 재생 관리 형태였다.

동 보고서는 2018년 6월 환경부 중심으로 물관리 일원화가 이루어지고, 2020년 12월 '정부조직법' 개정안이 통과하여 하천관리 기능이 환경부로 일원화되면서 물관리 조직 체계의 정비는 완료된 것으로 봤다.

그러나 물관리 일원화의 핵심인 '통합물관리(integrated water management)'와 '물순환 관리(water cycle management)'에 대한 학문

적·정책적 개념과 범위는 불명확하고, 물순환을 고려한 물관리의 목표 및 전략은 없다고 분석했다. 물관리의 이행, 평가, 환류에 대한 주체별 역할과 책임이 미흡하여 끊임없는 문제점들이 제기

한국환경정책 · 평가연구원(2020)이 제시한 통합관리 유형에 따른 물순환 관리 전략

통합관리 유형	물순환 관리 전략
수량-수질-수생태계 통합관리	■ 유역 물순환 개선을 위한 유역내 저류 공간 확대 ■ 수요-공급 조화 맞춤형 대응을 통한 유역 물순환 개선 ■ 유역 내 수자원시설을 재평가하여 최적 이용방안 마련 ■ 자연기반해법 적용으로 유역 및 하천의 자연성 회복
수요-공급 통합관리	■ 하천유지유량 관리를 위한 법·제도 정비 ■ 하천유지유량 평가 및 산정 기술의 현대화 ■ 유역 통합 물순환 관리를 통한 하천유지유량 달성 전략 마련
지하수-지표수 통합관리	■ 토양의 보수기능 및 지하수함양 확보를 위한 유역 관리책임 강화 ■ 유역 내 지하수함양 촉진 및 수요관리 강화 ■ 하천 건천화 방지를 위한 기저유출량 산정 및 지하수 적정 관리 ■ 수막재배시설의 지하수함양 의무화
도시정책-물관리 정책 통합관리	■ 도시 물순환 관리 기본방향 설정 ■ 지역맞춤형 다기능성 물순환 지표 및 평가체계 구축 ■ 공공·민간의 강우유출수의 관리책임 강화 ■ 물순환 관리기법 확대 및 실효화 ■ 도시 물순환 관리를 위한 주민참여 거버넌스 구축 및 홍보·교육 ■ 그린뉴딜과 물중립을 위한 스마트 물순환 도시 조성 및 물순환 산업으로 진흥
농촌정책-물관리 정책 통합관리	■ 농촌 물순환 관리의 기본방향 설정 ■ 농촌 물순환 관리를 위한 법률 정비 방안 마련 ■ 농촌 맞춤형 물순환 지표 및 평가체계 구축 ■ 공익적, 다원적 가치 증진을 위한 지속가능한 물순환 농촌 조성 모델 개발 및 시범사업 개발
에너지-식량-물 넥서스 통합관리	■ 저탄소 에너지 생산 ■ 신재생에너지 개발을 통한 물기반시설의 탄소 저감 ■ WEF 넥서스 기반의 물관리 전략 수립

되고 있음을 지적하고 통합물관리를 고려한 물순환 관리 전략을 제시했다.

통합물관리에서 '통합'의 의미는 물 영역에 영향을 미치는 다른 부분들과의 통합, 물관리 기능의 통합, 지하수와 지표수의 통합, 관련 시설과 주체 간의 통합을 내포하고 있다. 이에 따라 통합 유형을 ① 수량-수질-수생태계, ② 수요-공급, ③ 지하수-지표수, ④ 도시정책-물관리 정책, ⑤ 농촌정책-물관리 정책, ⑥ 에너지-식량-물 넥서스의 6가지로 구분했다.

통합관리 유형별로 제시된 물순환 관리 전략을 이행하기 위해서는 무엇보다 법·제도 개선이 선행되어야 한다. 지금까지의 물순환 관리 법·제도는 재해 저감, 비점오염원 관리, 수자원 확보 및 공급, 물수요 관리 등 부처의 업무와 목적에 따라 개별·분산적으로 마련되어 왔다. 이로 인해 기관간 물순환 관리 이슈에 대한 조정 기능은 없었고, 국토 및 환경계획 등과의 연계성도 확보하지 못했다.

따라서 물순환 관리를 위해서는 물관리기본법상에 물순환 관리 개념, 범위 및 기본방향을 명확히 하고, 〈국가물관리기본계획〉 및 〈유역물관리종합계획〉상에 물순환 전략 수립을 의무화하는 것도 고려해야 한다. 물순환 관리시설로서 저영향개발(Low Impact Development, LID), 그린인프라(Green Infrastructure, GI), 빗물이용시설 등을 통합관리할 수 있는 법·제도 마련과 지속적으로 확대할 수 있는 방안도 고민해야 한다. 물환경, 물이용, 재해 예방,

수생태 서비스 제고, 친수공간 조성 등 도시 내 종합적인 물순환 관리뿐만 아니라 농촌의 물순환 관리를 위한 법률 정비도 이뤄질 필요가 있다. 또한 국가-지자체-민간 사업자에게 물순환 관리에 대한 책임을 부여하고, 국토·도시계획 및 지역개발과 연계한 도시 물순환 계획을 수립할 수 있는 제도적 방안도 고민할 시점이다.

02

산업이
스마트해지고 있다

4차 산업혁명과 스마트 시대

4차 산업혁명은 2016년 1월 20일 스위스 다보스에서 열린 '세계경제포럼'에서 처음 언급된 개념이다. 세계경제포럼은 전 세계 기업인, 정치인, 경제학자 등 전문가 2,000여 명이 모여 세계가 당면한 과제의 해법을 논의하는 자리이다.

'과학기술' 분야가 주요 의제로 선택된 것은 포럼 창립 이래 최초였다. 세계경제포럼은 '제4차 산업혁명'을 "3차 산업혁명을 기반으로 한 디지털과 바이오산업, 물리학 등의 경계를 융합하는

세계경제포럼 창시자 겸 회장 클라우스 슈밥(Klaus Schwab)이 2016년 연차총회에서 축사를 하고 있다. 이날 클라우스 슈밥은 4차 산업혁명을 강조했다.

기술혁명"이라고 설명했다.

4차 산업혁명의 핵심 키워드는 '융합'과 '연결'이다. 정보통신 기술의 발달은 전 세계적인 소통을 가능하게 할 뿐만 아니라 개별적으로 발달한 각종 기술의 원활한 융합을 가능케 한다. 정보통신기술과 제조업, 바이오산업 등 다양한 산업 분야에서 이뤄지는 연결과 융합은 새로운 부가가치를 창출해 낸다.

이른바 스마트 시대가 도래한 것이다. 이러한 스마트 시대는 물 관련 산업과도 무관하지 않다.

규모가 확대되고 있는 물시장

물산업은 물순환 전 과정을 포괄하는 사업과 이와 관련된 서비스를 모두 포함한다. 물산업은 물관리기술과 시장 수요에 따라 형성된 기업 생태계로, 물관리기술-물시장-물산업의 관계는 다음과 같다.

- 물관리기술 : 수량·수질·수생태계의 균형 관리에 필요한 기술로 물의 공급·이용, 순환과 보전에 직·간접적으로 활용
- 물시장 : 공공 인프라 및 민간 수요에 의해 창출되는 시장으로 정부 투자, 공급자와 수요자 간의 제품 및 서비스 교환
- 물산업 : 관련 제품 및 서비스를 물시장에 공급하는 기업군(群)으로 설계·건설-운영·관리-제품 제조-서비스 등으로 업종 세분화

물시장은 물관리기술 개발의 투자를 이끌고 다양한 물산업 제품과 서비스를 공급받음으로써 확대된다.

물은 모든 국민이 향유해야 할 보편적 재화이자 국가 경제활동의 기반으로 사회간접자본의 기능을 하고 있다. 따라서 물인프

라는 교통, 전력·에너지, 주거 등과 함께 국가 주요 인프라로써 그 중요성이 매우 높다.

세계 물시장은 2017년 기준 약 7,252억 달러 규모에서 연평균 4.2% 성장하고 있다. 우리나라의 2019년 물산업 매출은 약 46조 2,000억 원으로 2018년과 비교해 6.8% 증가했다.

도시화와 산업화의 영향으로 물에 대한 수요는 증가하는 반면 공급이 이를 따라가지 못하고 있다. 또한 인구의 도시 집중화, 노후 인프라의 교체·개량, 환경기준 강화, 재이용 및 자원 회수, 에너지 효율성 향상 등으로 물시장은 지속적으로 확대될 것으로도 전망된다.

글로벌 물시장 규모는 빠르게 성장하고 있고, 지속적으로 확대될 것으로 전망된다.

세계 물시장을 선점해 가고 있는 국가들

전통적인 물공급기술, 하폐수 위생처리기술에 인공지능(AI),

사물인터넷(IoT), 로봇 등 4차 산업 신기술과 융합된 기술시장에 대한 기대 또한 증가하고 있다. 이미 세계 주요 국가들의 물산업은 광역화, 전문화, 스마트화 등 세 가지 흐름을 보인다. 또한 물산업 강국들은 전략적으로 세계 물시장을 선점해 가고 있다.

미국과 일본은 세계 최고 수준의 기술력과 탄탄한 내수시장 그리고 국제금융기구 주도권 확보를 통해 글로벌 시장을 선점해 가고 있다.

독일과 네덜란드는 단일화된 민·관 협력체계를 구축하고, 독보적인 기술 영역을 확보하여 자국기업 육성 및 해외진출을 지원하고 있다.

프랑스와 영국은 수도 민영화와 경쟁력 있는 전문 물기업 육성으로 세계 물관리·운영시장을 주도하고 있으며, 싱가포르와 이스라엘은 지리적 이점(대륙 간 허브)을 활용한 클러스터 운영과 공기업에 국가 역량을 집결한 물산업 육성 전략을 채택하고 있다.

스마트워터그리드와 스마트워터시티

한국과학기술평가원(KISTEP)에서 2014년에 발행한 〈스마트 시대의 물 산업 생태계 조망과 시사점〉 보고서에 따르면 우리 정부는 신성장동력 기술전략에 스마트 상수도 분야 및 관련 기술을 포함하여 2010년부터 연구개발 사업에 착수했다.

최우선 목표는 스마트워터그리드(Smart Water Grid)-원천기술 확보와 기술 상용화, 해외진출을 위한 실증공간 확보 등이다. 스마트워터그리드 사업은 부족한 물을 효율적으로 관리하기 위해 물의 생산·소비정보를 실시간으로 확인하고 수자원과 상하수도를 관리할 수 있는 정보통신기술 기반의 물관리 시스템이다.

이와 유사한 스마트워터시티(Smart Water City) 사업도 있다. 스마트워터시티는 취수원에서 수도꼭지까지 공급 전 과정에 ICT를 접목한다. 수량과 수질을 과학적으로 관리하고 수돗물 정보를 제공하여 소비자가 믿고 마실 수 있는 건강한 물공급체계가 구현된 물의 도시를 의미한다.

잔류 염소 균등화, 자동 드레인 설비, 공급 전 과정에서 실시간으로 수질을 측정하고 수질정보를 제공한다. 관 세척, 선진 무단수 탐사장비 운용, 스마트 미터링, 원격 누수감시시스템, 관망운영관리시스템 등 우수기술을 활용하여 국민 물안심 서비스를 제공하는 것이다.

2014년에 파주시 일부 지역에서 추진된 스마트워터시티 시범사업은 시민 호응이 높아짐에 따라 단계적으로 확대되어 2016년에는 파주시 전 지역으로 확대됐다. 이 사업을 통해 해당 지역의 수돗물 수질이 크게 개선되었고 수돗물의 직접 음용률은 1%에서 36.3%로, 만족도도 80.7%에서 93.8%로 증가했다. 스마트워터시티 시범사업은 성공적 추진이라는 평가를 통해 전국 확대의 기반을 마련했다.

스마트 물 감시 시스템을 위한 IoT는 물 누출, 중단 또는 소요를 찾아내고 센서를 통해 수위, 품질 등의 자료를 수집한다.

송산그린시티 및 부산에코델타시티 등에서는 신규 건설단계부터 스마트워터시티를 적용하였으며, 2017년에는 최초 국가사업인 세종시 사업을 착수했다.

스마트 시대! 물산업 주도 전략

현재 우리나라 물시장은 세계 12위 규모이지만 물산업 수출액이 매출액에서 차지하는 비율은 약 3.9%(1.8조 원)로 내수시장 의존도가 높고, 물산업 총 매출액 중 공공 거래가 70% 달해 민간 물기업 성장에 한계가 존재한다.

(단위 : 개소, 명, 백만 원)

구분	2015년	2016년	2017년	2018년	2019년
사업체 수	11,746	12,085	12,995	15,473	16,540
종사자 수	124,054	132,843	163,122	183,793	193,480
매출액	31,393,927	36,967,191	36,034,357	43,250,597	46,201,692
수출액	1,268,656	1,749,607	1,718,458	1,930,623	1,817,980

우리나라 물산업 주요 항목에 대한 5개년 통계추이를 살펴보면 전체 매출액 중 수출이 차지하는 비율은 매우 낮다.

물산업을 육성해야 한다는 목소리는 1990년대부터 있어 왔다. 그동안 국내 물산업은 포화상태였음에도 민간시장을 키우지 못했다. 물기업들도 고부가가치를 창출하는 첨단기술 개발에 주력하기보다는 상대적으로 진입장벽이 낮은 공공 분야의 상하수도 사업에 주력해 왔다. 국내 물산업의 대부분을 상하수도사업이 차지했던 것도 사실이다. 따라서 우선 내수시장에서 새로운 먹거리를 만들고 물기업들이 경쟁력을 키울 수 있도록 해야 한다. 이를 통해 세계시장에 진출할 수 있는 역량을 갖춘 기업을 육성하는 것이 물산업 육성의 기본이자 핵심이다. 이 과정에서 정부의 역할은 매우 중요하다.

환경부는 물산업 육성을 위한 국가 전략과제로 ① 물관리기술 혁신 역량 강화, ② 신시장 확대 및 해외진출 활성화, ③ 물관리 전문인력 양성 및 일자리 창출, ④ 물산업 진흥 전략 체계 마련을 추진하고 있다. 그러나 이러한 전략들은 과거와 크게 달라진 것이 없다. 정책을 내놓는 것보다 실제적으로 물산업 육성을 위한 예산을 단계적으로 확대해가면서 물 재이용, 스마트 인프라, 대체수자원, 물-에너지 연계 등 신시장을 창출해야 한다.

해외시장에서 경쟁을 위한 기술개발도 기업들에게만 일임할 것이 아니라 정부 주도로 적극적으로 추진해야 한다. 이를 통해 확보된 원천기술을 실용화 단계까지 확대해가는 것도 중요하다. 새롭게 창출된 시장의 공공 사업은 우리 기업들이 자체의 기술을 갖추고 사업에 참여할 수 있도록 기다려줘야 한다. 사업추진 성과에 급급하여 해외 기술을 도입하다 보면 국내 물기술의 발전과 성장은 기대하기 어렵다.

스마트 시대 물산업을 주도하기 위해서는 디지털 물산업 시장 선점에도 주력해야 한다. 이제까지의 물산업이 토목 구조물, 기계·설비, 부품·소재·장비 및 운영 시스템 등 주로 하드웨어 중심이었다면 디지털 물산업은 빅데이터와 IoT, 로봇, AI 등 첨단기술들과 융복합하여 구현되는 소프트웨어 중심이다. 이미 경쟁은 시작되었고, 우리에게도 기회는 있다. 물산업 고부가가치를 위한 물분야의 디지털 전환과 플랫폼 구축도 서둘러야 한다.

물분야 디지털 전환과 플랫폼 구축은 스마트 물관리뿐만 아니라 고부가가치의 신산업 육성도 가능

공공재인 물이 갖는 특수성 때문에 물산업은 정부와 공공에 의지할 수밖에 없다. 그러나 물산업 육성의 최종 목표는 정부와 공공 사업에 의지하지 않고도 자립 가능한 다양한 기업의 성장과 이로 인한 일자리 창출일 것이다. 이를 위한 인큐베이터 역할은 정부 몫일 수밖에 없다.

03

물그릇이
녹슬고 있다

현실적 문제가 된 시설 노후화

2020년 8월 2일 폭우의 영향으로 축구장 2배 크기인 경기도 이천의 산양저수지 둑이 무너져 10가구가 침수되고 곳곳의 가건물들이 흔적도 없이 사라졌다. 다음 날에는 경기도 안성의 북좌저수지가 붕괴되었다.

2018년 12월에는 경기도 일산시 백석역 일대에 매설돼 있는 지역난방배관이 파열되는 사고가 발생했다. 이로 인해 60대 남성 1명이 사망했고 30여 명이 화상을 입어 인근 병원으로 옮겨졌다.

붕괴와 사고에 대한 다양한 원인이 제기되었으나 공통적으로 제기된 원인 중의 하나는 '시설 노후화'이다. 산양저수지와 북좌저수지는 모두 축조된지 50년이 넘었다. 파열된 수송관은 1991년에 설치된 것으로 27년 동안 교체 없이 사용되어 왔다.

1970년대부터 집중적으로 건설된 우리나라의 기반시설은 급속히 노후화되고 있다. 중대형 SOC의 경우 30년 이상 경과된 시설의 비율은 저수지 96%, 댐 45%, 철도 37%, 항만 23%에 이른다.

2019년 기준 상수관로(12%), 하수관로(23%)는 30년 이상 경과한 시설물의 비율이 상대적으로 낮지만 향후 10년 뒤에는 노후화가 40% 가까이 높아질 것으로 예상된다.

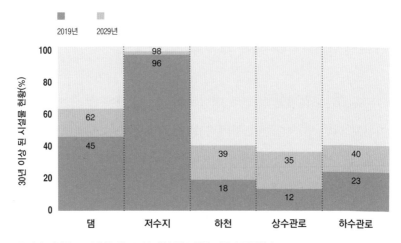

물 관련 시설물도 10년 후에는 30년 이상 된 노후화 비율이 급증한다.

미국 쇠망론

　기반시설의 노후화 문제는 우리나라보다 상대적으로 일찍 산업화를 이룬 선진국들도 겪고 있는 문제이다.

　2007년 8월 1일 18시 5분경, 미국 미네소타(Minnesota)주 미니애폴리스(Minneapolis) 도심과 미네소타 대학교를 연결하며 미시시피(Mississippi)강을 가로지르는 I-35W 주간 고속도로의 8차선 교량이 붕괴됐다. 러시아워에 발생한 이 사고로 수십여 대의 차량이 미시시피강으로 추락했고 일부 차량에서는 화재가 발생했다. 확인된 사망자 수는 6명, 부상자는 100여 명으로 그중 상태가 위중한 사람도 존재했고, 실종자도 8명 정도 발생한 것으로 알려졌다.

2007년 미시시피강 교량 붕괴 사고 모습

당시 미국토목학회(Americal Society of Civil Engineers, ASCE)의 조사에 따르면 미국 전역의 교량 60만 7,000개 중 7만 개에서 결함이 발견됐고, 도시기반시설 종합평가에선 D등급(전반적으로 나쁜)을 받았다.

기반시설 노후화 문제는 '미국 쇠망론'의 한 근거가 될 정도였다. 경제성장의 중요한 축인 도로와 교량, 항만, 통신망 등 사회기반시설이 노후화되면서 경쟁력을 갉아먹기 때문이다.

이후 문제의 심각성을 깨달은 오바마(Barack Obama) 정부는 2012년 7월 맵21(MAP-21) 법령을 마련해 국가 인프라 정책의 목표를 제시하고 2013~2014년 1,050억 달러의 예산을 투자해 시설물 성능 개선에 나섰다. 트럼프(Donall Trump) 대통령은 10년간 1조 달러(약 1,199조 원)를 투자하겠다고 공약했다.

하지만 미국토목학회는 2017년 보고서에서 여전히 향후 10년간 약 2조 달러의 투자가 부족하다고 발표하고, 투자가 적기에 이뤄지지 않으면 2025년까지 3조 9,000억 달러에 달하는 국내총생산 감소가 예상된다고 전망했다.

기본법부터 마련한 일본

2012년 일본 도쿄와 아이치현을 잇는 사사고 터널 입구에서 터널 천장이 갑자기 무너져 내리는 사고가 발생했다. 길이 4.3km

에 이르는 터널의 중간 지점에서 두께 20cm, 길이 110m의 천장이 순식간에 내려앉으면서 통행하던 차량들을 덮쳤다.

이 사고로 9명이 사망했으며, 일본 정부는 다음 해인 2013년 초 국토교통성을 중심으로 사회자본 노후화 대책 추진실을 꾸리고 국토강인화 기본법을 만들었다.

이후 인프라 장(長)수명화 기본계획을 마련했고, 2030년까지 노후화로 인한 인프라 중대사고를 제로로 만들겠다는 목표를 세웠다. 총 투입 예산은 12조 엔(약 133조 원)으로 각 시설별 데이터베이스를 구축하고 이를 공유하는 플랫폼을 마련함과 동시에 2030년

2012년 천장 붕괴사고가 발생한 일본 사사고 터널

에 모든 주요 인프라에 로봇과 센서 기술을 활용하겠다는 내용도
담았다.

새로운 성장 동력이 될 수 있는 노후 기반시설

우리나라도 백석역 지역난방배관 파열사고를 계기로 TF팀을
꾸려 기반시설 관리현황을 검토했다. 그 결과 향후 급격한 시설
노후화로 관리비용 급증이 예상되나, 이를 대비한 중장기적 목표
설정과 선제적 투자계획은 미비했다.

또한 국가 기반시설 전체를 총괄하는 일원화된 관리체계가
없고, 노후 기반시설의 관리감독을 뒷받침할 조직도 마땅하지 않
았다. 노후 기반시설 관리현황에 관한 이력관리가 부족하고, 관련
통계와 정보화 시스템도 부분적·산발적으로 관리되고 있었다.

이에 정부는 생활안전 위협요인을 조기에 발굴해 해소하고,
2020~2023년까지 연평균 약 8조 원을 투자하여 기반시설을 관
리하는 계획을 발표했다. 하지만 여기서 더 나아가 노후 기반시설
문제를 새로운 성장 동력으로 활용해야 한다.

4차 산업혁명과 맞물려 기반시설의 노후도, 점검·보수 이력
등을 데이터화(DB)하여 빅데이터를 구축·활용하고, 사물인터넷
(IoT)·드론·로봇 등 스마트 기술을 활용하여 기반시설 수명을 연
장시켜가는 것도 한 분야가 될 수 있다.

댐, 저수지, 상·하수도 등 물관리시설에 대한 대책 또한 이와 크게 다르지 않다. 우선은 시설의 관리상태, 점검 결과, 유지·보수 이력, 예산집행 결과 등에 대한 종합적인 중장기계획 수립부터 해야 한다. 행정안전부, 환경부, 국토교통부, 농림축산식품부 등으로 분리되어 관리되는 물관리시설에 대한 노후화 대책을 물순환체계 내에서 어떻게 유기적으로 연계하여 지속적으로 추진해갈 것인지에 대한 고민과 해결책이 필요한 시점이다.

7장

수질 변화에
대비하라

01

우리는 수돗물을 어떻게 인식하는가?

붉은 수돗물 사태

2019년 5월 30일 인천광역시 서구에서 수돗물이 붉게 나온다는 민원이 약 140건 접수되었다. 이후 그 규모가 커져 영종도 및 강화군까지 확대되었고 약 26만여 가구가 영향을 받았다. 붉은 수돗물은 일반 일회용 마스크로도 녹을 거를 수 있을 만큼 입자가 굵었고, 붉은색만이 아니라 검은색 입자도 나오는 등 여러 가지가 섞여 있어 음용하거나 다른 생활용수로도 사용할 수 없었다.

인천상수도사업본 부의 원인 분석 결과에 따르면 붉은 수돗물의 원인은 녹물이었다. 풍 납취수장에서 전기공사 를 하면서 10시간 정도 예상되는 단수를 피하 기 위해 팔당취수장 물

인천 '붉은 수돗물 사태' 당시 수도꼭지에서는 붉은 빛의 수돗물이 쏟아졌다.

을 공급하였다. 이 과정에서 기존에 사용하지 않던 두 개의 관로 를 열었다. 그런데 물길의 방향이 관로의 과거 흐름방향과 반대로 흘러 수압이 높아졌고 관로 안에 있던 녹이 떨어져 붉은 수돗물 사태가 발생한 것이다.

붉은 수돗물 사태 1년여 뒤인 2020년 7월에는 수돗물에 서 유충이 발견되는 상황이 발생했다. 인천 붉은 수돗물 사태는 1991년 발생한 낙동강 페놀 오염사고 이후 최악의 수질오염 사고 라는 평가가 잇따른다.

세계가 인정하는 우리 수돗물

환경부의 2019년 상수도 통계에 따르면 우리나라 상수도 보 급률은 99.3%이고 수돗물을 제공받는 인구는 5,274만 7천여 명,

국민 1인당 하루 수돗물 사용량은 약 295L이다.

수돗물 공급시설인 상수도관의 길이만도 약 22만 km로 지구 둘레(약 4만 km)의 약 5.5배이다. 1960년 16.8%에 불과했던 상수도 보급률은 60여 년이 지난 지금 100%에 가까워졌다.

단순히 상수도 인프라만 확장한 것은 아니다. 우리나라 수돗물은 맛과 품질, 위생적 측면에서 세계가 인정하는 매우 높은 수준이다. 2013년 세계물맛대회에서 7위를 하였고, 유엔이 발표한 국가별 수질지수(Water Quality Index)를 보면 한국의 수돗물은 핀란

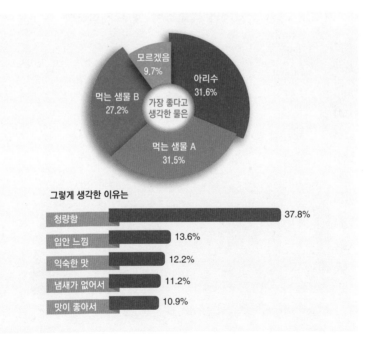

서울시민청 방문객 762명을 대상으로 시음 테스트를 한 결과 서울시의 아리수를 가장 좋은 물로 답했다.

드(1.85), 캐나다(1.45), 뉴질랜드(1.43) 등에 이어 세계 8위(1.27)이다.

정수장에 대해서는 미국수도협회(AWWA)가 최고 등급인 별 다섯 개로 평가하기도 했다. 실제 우리나라는 120~250개 항목에 대해 수질검사를 하고 있는데 이는 세계보건기구(WHO) 90개, 미국 89개, 일본 51개보다 많다.

2020년 8월 서울시 수돗물평가위원회가 서울 광암아리수정수센터(경기 하남)에서 채수한 수돗물과 정수기 수질을 비교한 결과를 보면 정수기에서만 복통 등을 일으키는 일반세균이 4CFU/mL 검출되기도 했다.

가격도 다른 국가들과 비교하여 매우 저렴하다. 수돗물 생산

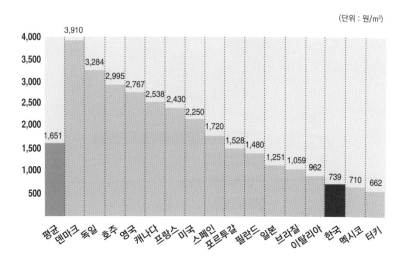

2020년 GWI 통계기준 주요 해외 국가 수도요금 현황. 한국은 1m³ 기준 739원으로 세계 주요국 평균의 44.7% 수준이다.

원가는 945원/m³이지만 실제 요금은 이보다 싸다. 2020년 영국의 글로벌 물 전문조사 기관 GWI(Global Water Intelligence)에 따른 주요 해외 국가의 평균 수도요금은 1m³(1,000L) 기준 1,651원인 반면 한국은 739원이었다. 우리나라와 비교하여 영국은 3.7배, 미국 3.0배, 일본 1.7배 비쌌다. 한국의 수도요금은 주요 해외 국가 전체 평균의 약 44.7% 수준이다.

통계와는 상반된 수돗물에 대한 인식

이렇듯 각종 통계결과로만 보면 우리나라 수돗물은 위생적이고, 맛도 좋지만 저렴하기까지 하다. 그런데 한국인의 수돗물 직접 음용률은 매우 낮다. 서울신문이 전국 만 19세 이상 성인 남여 1,000명을 대상으로 조사한 결과 수돗물을 직접 마신다고 답

수돗물을 직접 마신다는 비율은 16.3%로 미국, 일본 등과 비교하면 낮은 수준이다.

한 사람은 16.3%에 불과했다. 2017년 수돗물홍보협의회 '수돗물 먹는 실태 조사' 때의 7.2%보다는 증가하였으나 미국(56%)이나 일본(52%)과 비교하면 낮은 수준이다.

우리 국민이 수돗물을 직접 마시지 않는 이유는 무엇일까? 서울신문 설문조사에서는 이물질, 막연한 불안감, 정수 시스템에 대한 불신, 상수원 오염, 소독약 냄새 등이 주요 원인으로 나타났다.

학계에서는 우리 국민이 수돗물을 그대로 마시기 어렵다고 인식하게 된 원인으로 잇따른 수질오염 사태, 생수 시장 확대, 정부의 수돗물 관리정책 부족, 막연한 불안감 등을 꼽는다.

특히, 1989년 '수돗물 중금속 오염 파동'은 대다수 국민이 수돗물을 바로 마시지 않게 된 중요한 기점이 됐다. 이 파동은 당시 정부가 전국 상수도 수질을 표본 조사한 결과 중금속과 세균 등이 기준치 이상 검출되어 식수로 부적합하다는 판정을 했고, 이 사실이 언론보도를 통해 알려진 사건이다.

그 뒤 '낙동강 페놀 유출 사고'(1991년), '낙동강 정수장 악취 문제'(1994년), '미군기지 다이옥신 검출사건'(2004년), '구미 정수장 물고기 폐사 사건'(2012년) 등 각종 수질 관련 사고들이 계속 터지면서 국민들의 수돗물에 대한 불신이 확고해졌다.

여기에 더해 1990년대부터 생수업체와 정수기 제조회사 등 물산업 업체가 공격적인 마케팅을 펼치며 급성장했다. 연이은 수질오염 사건으로 불신이 커진 상태에서 물산업 확대로 수돗물을 대체할 수 있는 방안들이 생기자 가정에선 수돗물을 직접 마시지 않는 문화가 뿌리내렸다.

1990년대 이후 각 지자체에서 상수도사업본부를 따로 꾸리는 등 수돗물 품질을 높이려는 노력을 계속했고, 그 결과 세계 상위권에 오를 만큼 품질이 개선됐지만, 한 번 돌아선 국민들은 여전히 수돗물을 잘 마시지 않고 있다.

높은 수돗물 음용률의 부가 효과

우리나라는 2050년까지 탄소 중립을 선언한 국가이다. 따라서 탄소 배출 절대량을 줄이든, 아니면 이를 흡수하는 정책을 시행해서든 30년 뒤에는 탄소 배출을 제로로 만들어야 한다. 탄소 배출을 줄이기 위해 석탄발전소 출구 전략을 찾거나 플라스틱 생산량을 줄이기 위해 기업에 규제를 가하는 것은 기본적으로 정부가 해야 할 일이다. 그러나 우리가 일상에서 할 수 있는 일을 실천하는 것은 그리 어렵지 않다는 것이 전문가들의 지적이다.

환경부에 따르면 2017년 기준 전체 페트병 출고량(28만 6,000톤) 중 먹는 샘물·음료 페트병이 67%(19만 2,000톤)를 차지한다. 생수는 수돗물에 비해 탄소 발생량 측면에서도 압도적인 수치를 나타낸다. 수돗물의 탄소 발생량은 1톤당 0.3g에 불과한 반면, 생수는 이보다 700배가 넘는 238g이나 배출한다.

플라스틱 문제 심각성 인식을 위해 그린피스가 설치한 '플라스틱 고래'

수돗물 대신 가장 많이 마시는 정수기에는 추가적인 전기가 들어간다. 결국 수돗물의 직접 음용률을 높이는 것은 경제적이고 친환경적이다.

상수도가 아닌 식수도!

수돗물에 대한 국민의 신뢰가 높은 대표적인 국가는 네덜란 드이다. 직접 음용률 또한 60% 이상이다. 그럼에도 더 맛있는 수 돗물을 개발해 국민의 음용률을 더욱 높이기 위해 탄산수와 오 렌지를 첨가하는 등 지속적인 노력을 하고 있다.

네덜란드에는 수질과 생태계에 대한 규제완화 논란이 없다. 오히려 정부는 엄격한 규제와 처벌로 국민의 신뢰를 이끌어 내고 있다. 수돗물은 최고의 보호 식품으로 인식돼 2011년 급수법을 식수법으로 대체했고, 물관리청은 유역과 지역을 아우르며 강력한 행정을 펼치고 있다. 이러한 네덜란드의 정책을 우리도 참고할 필요가 있다.

또한 우리 국민의 막연한 불안감을 해소하기 위해 '우리집 수돗물 안심 확인제'처럼 국민들에게 '관리받는 느낌'을 줄 수 있는 체감형 서비스가 더 많아져야 한다.

그러나 이에 앞서 그간 우리는 국민들이 마실 식수를 제공한다는 관점보다 생활에 필요한 용수를 단절 없이 공급하는 것에만 연연하지 않았는지 돌아봐야 한다.

식수를 제공한다고 생각했다면 인천 붉은 수돗물 사태에서처럼 한동안 사용하지 않은 관로를 최소한의 점검도 없이 열지는 않았을 것이다.

02

녹조는 당연한
계절적 현상인가?

녹조라테

2004년 국회 국정감사 때 발생한 일이다. 녹조현상의 심각성을 전달하기 위해 한 국회의원이 녹조물을 유리컵에 담아왔는데, 잠시 자리를 비운 사이 다른 국회의원이 컵에 담긴 녹조물을 녹차로 착각해 마셨다는 것이다. 이른바 '녹조라테'라는 신조어의 탄생 순간이다.

이후 '녹조라테'는 매년 수온이 올라가는 여름철 수질오염의 심각성을 부각시키기 위해 다양한 매체를 통해 지속적으로 언급되고 있다. 특히 4대강 정비사업 (2008년 12월~2012년 4월)이 '녹조라테' 발생의 큰 원인이 되고 있다는 문제 제기에 대해서는 여전히 논쟁이 뜨겁다.

'녹조라테'를 탄생시킨 '녹차라테'

녹조현상

조류는 서식장소에 따라 해조류(바다), 담수조류(민물)로 구분된다. 담수조류는 다시 규조류(갈색), 녹조류(옅은 녹색), 남조류(남색)로 구분되는데, 이러한 조류는 엽록소를 가지고 있어 광합성작용을 하고 1차 생산자로 수생태계의 에너지 공급원으로 꼭 필요하다.

조류는 식물플랑크톤이기 때문에 햇빛, 수온, 영양물질(질소, 인), 체류시간 등의 환경 조건에 의해 성장과 사멸을 반복한다. 계절별 일사량과 수온 등의 영향을 받아 늦가을에서 봄까지는 규조류, 봄에서 초여름까지는 녹조류 그리고 초여름에서 가을까지는 남조류가 주로 성장한다.

이 중 남조류는 푸른색의 단백질을 함유하고 있어, 물 색깔이 진한 녹색으로 보이는 녹조현상을 유발한다. 남조류의 일부는 냄새물질이나 미량의 독소를 배출하여 환경부에서는 마이크로시스

조류는 자연독소를 생산해 다른 유기체에 부정적인 영향을 미치기도 한다.

티스, 아나베나, 오실라토리아, 아파니조메논 등 4종을 관리대상 남조류로 지정하여 관리하고 있다.

이 4종의 관리대상 남조류는 검출되는 농도가 매우 낮기는 하지만 포식자로부터 공격을 받거나 서식환경이 악화될 경우에는 독소를 배출하는 것으로 알려져 있다.

전 세계적으로 빈발하는 녹조 문제와 원인

사실 녹조는 우리나라만의 문제는 아니다. 2000년대 들어 전 세계의 호수와 하천에서 빈발하고 있다.

미국의 오대호 중 이리(Lake Erie) 호에서는 2011년 극심한 녹조현상이 발생하여 총 수표면적 25,600km²의 약 1/5이 녹조로 덮였다. 캐나다의 위니펙 호(Lake Winnipeg)는 극심한 녹조로 세계 습지의 날에 '가장 위협받고 있는 호수'로 선정되기도 했다.

1878년 최초의 녹조 피해사례가 보고되었던 호주에서는 1991년 달링강(Darling River), 2009년 머리강(Murray River)의 약 1,000km에 이르는 구간에서 녹조가 발생했다.

그 외에도 멕시코의 파츠쿠아로 호(Lake Pátzcuaro), 우루과이의 아티틀란 호(Lake Atitlan), 아프리카의 빅토리아 호(Lake Victoria), 스위스의 취리히 호(Lake Zurich), 중국의 타이후 호(Lake Taihu) 등 다양한 대륙, 국가에서 극심한 녹조가 발생하고 있는 것으로 보고되고 있다.

이러한 녹조 발생은 대부분의 경우 습지 감소, 도시화, 농지 변경 등 토지이용 변화에 따른 오염원 유입 증가와 기후 변화로 인한 수온 증가, 불충분한 수직혼합, 강우로 인한 비점오염원 유입 증가가 원인인 것으로 분석하고 있다.

리비히의 최소량 법칙

여기 물통(barrel)이 하나 있다. 물통에 물을 가득 담으려 해도 결국 스터브(통널)가 가장 낮은 높이 이상으로는 물을 채울 수

2015년 7월 28일 랜드샛 8(Landsat 8) 위성의 OLI(Operational Land Imager)가 오대호 주변의 조류 번성 이미지를 촬영. 세인트 클레어 호수와 이리 호수 서쪽에서 녹조로 인한 녹색 소용돌이를 볼 수 있다.

2019년 4월 12일 랜드샛 8 위성의 OLI가 촬영한 러시아와 중국 국경 칸카(Khanka) 호수의 녹조

없다. 독일의 화학자이자 비료의 아버지라 불리는 유스투스 폰 리비히(Justus von Liebig)는 이 물통처럼 모든 동식물은 최소량의 법칙에 따라 성장한다는 이론을 주장하였다.

리비히의 물통(Liebig's barrel)

이른바 리비히의 최소량 법칙(Liebig's law of the minimum)이다. 생물의 성장에 필요한 다양한 원소 중 가장 소량으로 존재하는 원소가 생육을 지배한다는 이론이다.

녹조 억제의 현실적인 어려움

2021년에도 환경부에서는 녹조 발생을 사전에 예방하고 관리하기 위한 〈여름철 녹조 대책〉을 발표하였다. 대책의 골자는 오염원 유입 저감, 빈발 수역 맞춤형 대책, 취·정수장 관리, 녹조 완화 조치 등이다.

우선 녹조를 유발하는 주요 원인인 영양염류의 유입을 집중적으로 저감시키기 위해 녹조 빈발지역 인근 및 상류에 위치한 공공 하수·폐수처리장(147개소)의 오염물질(총인) 방류기준을 강화

가축 분뇨와 배설물, 도로·주차장 등 포장면에 쌓여 있는 각종 오염물질, 산업단지와 공장지역의 분진, 농촌지역의 농약·퇴비·비료·토사 등이 비에 쓸려 옮겨지는 비점오염원이다.

해 운영한다. 이러한 녹조에 대한 대책은 과거에도 지속적으로 추진되어 왔다. 그러나 여전히 녹조 발생을 억제하는 데 어려움을 겪고 있다. 왜 그럴까?

조류의 과다 증식에 영향을 주는 주요 환경 조건은 햇빛, 수온, 영양물질, 체류시간임을 앞서 언급하였다. 이 중 인간이 관리할 수 있는 조건은 하천이나 호소에 유입되는 영양물질을 최소화하거나 인위적으로 체류시간을 줄이는 것이다.

환경부의 녹조저감대책 또한 기본적으로 영양물질의 유입을 저감시키는 데 목적이 있지만 쉬운 문제는 아니다. 하수처리시설과 같이 영양물질의 발생원이 명확한 오염원의 경우 일정부분 유입 차단이 가능하지만, 발생원이 불명확한 이른바 비점(non-point) 오염원의 경우 유입을 차단하거나 줄이는 것이 쉽지 않다.

농경지, 도로, 축사 등 우리 주변 곳곳에 존재하는 비점오염원은 비가 내리면 빗물과 함께 순식간에 하천이나 호소에 흘러들기 때문이다.

또한 4대강 정비사업으로 건설된 보를 개방하자는 것은 강물의 체류시간을 짧게 하여 조류의 증식 환경을 제어하는 한편 하천의 자정능력을 강화하고, 산소 부족현상을 감소시켜 수질을 개선하자는 취지이다. 하천의 상류에 위치한 댐에서의 방류량을 늘려 녹조를 저감시키자는 방안 또한 같은 이유에서다.

그러나 댐 방류를 통해 체류시간을 줄이는 것은 용수를 확보해야 하는 이수정책과 상충한다. 녹조는 특히 가뭄시기에 더 많이 발생한다. 이 시기에는 가능한 한 많은 수자원을 확보해 물을 이용하는 데 어려움이 없어야 하지만 녹조 저감을 위해서는 반대로 물을 흘려보내야 한다.

결국 녹조문제는 영양물질의 유입을 줄이기 위한 정부의 노력과 비점오염원을 최소화시키기 위한 우리 모두의 노력을 이끌어 내야 한다. 또한 체류시간을 줄이는 것과 수자원 확보라는 정책적 상충문제를 동시에 해결해야 한다.

녹조 심각성에 대한 인식

2014년 한국환경정책·평가연구원에서는 녹조 위험인식에 대한 설문조사를 실시했다. 일반 국민의 83.2%, 지역주민의 79.2%가 녹조를 위험하다고 느꼈다. 그에 반해 전문가들은 42%만이 녹조가 위험하다고 느꼈다.

일반 국민은 녹조 발생에 대한 정부의 책임이 매우 크다고도 인식하고 있다. 반면 정부의 녹조 문제 해결 노력에 대해서는 매우 부정적인 평가가 높았다.

정부가 매년 녹조에 대한 다양한 대책을 쏟아내고 있지만 녹

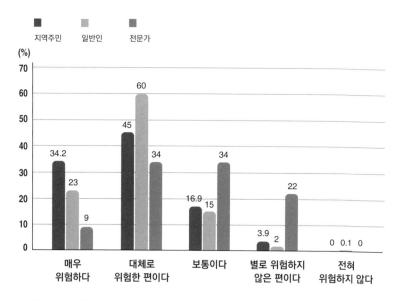

전문가들이 생각하는 수준 이상으로 일반국민과 지역주민들은 녹조를 위험하다고 인식한다.

조 문제 해결 노력에 부정적인 평가를 받는 것은 결국 녹조 문제의 심각성을 바라보는 인식의 차이에서 기인한 것은 아닌지 되돌아 봐야 한다. 녹조는 당연한 계절적 현상일 수도 있으나 그 심각성은 관계기관의 노력 여하에 달렸다. 대다수의 국민이 위험하다고 인식하는 녹조 발생을 억제할 수 있는 보다 현실적인 방안을 마련하고 적극적으로 실행해야 한다. 여름 한철이 아니라 4계절 내내 녹조 발생의 원인을 줄여가는 노력이 필요하다. 또한 녹조로 인해 발생 가능한 피해를 다각적으로 검토하고 녹조가 발생하면 즉각적으로 대응할 수 있도록 사전에 대비하고, 피해 최소화에도 주력해야 한다.

03

지하수는 안전하고
무한한가?

지구촌 물의 0.76% 지하수

지하수는 땅속에 존재하는 물이다. 대부분의 지하수는 강수
(눈, 비, 우박 등)에 의해 채워지는데 강수가 땅속으로 스며들다가 토
양이나 암석의 빈 공간을 채우게 된다.

완전히 포화되었을 때 포화대 내의 물을 지하수라 하고, 포
화대 최상부면을 지하수면이라 한다. 특히 투수성이 충분히 커서
우물이나 용천수로 인간이 활용할 수 있을 정도의 수량을 배출할
수 있는 포화대를 대수층이라 부르고 있다.

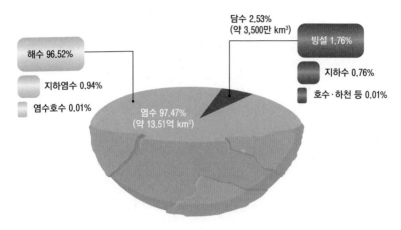

담수 2.53%
(약 3,500만 km³)

빙설 1.76%

해수 96.52%

지하염수 0.94%

지하수 0.76%

염수호수 0.01%

호수·하천 등 0.01%

염수 97.47%
(약 13.51억 km³)

지구의 물부존량 중 지하수는 약 0.76%를 차지하고 있다.

　지구에 있는 물의 양은 13억 8,600만 km³ 정도로 추정되고 있으며, 이 중 바닷물이 97%인 13억 5,100만 km³이고 나머지 3%인 3,500만 km³가 민물로 존재한다. 민물 중 약 69% 정도인 2,400만 km³는 빙산, 빙하 형태이고 약 30% 정도인 1,100만 km³는 지하수이며 나머지 1% 미만인 100만 km³가 민물호수나 강, 하천, 늪 등의 지표수와 대기층에 있다.

우리 생활과 매우 밀접한 지하수

　지하수는 땅속에서 흐르는 이유로 우리 눈에 보이지 않기 때문에 그 중요성이 상대적으로 부각되지 못한다. 그러나 지하수는

과거 시골 집집마다 설치되어 지하수를 퍼 올리던 수동 펌프. 물을 끌어올리기 위해 처음에는 물을 한 바가지 부어줘야 하는데 이것이 '마중물'이다.

주변지역의 생태계에 많은 영향을 주는데 호주에서 발생한 염류 집적 현상이 대표적인 사례이다.

토양에 자연적으로 염분을 함유하고 있는 호주에서 지하수위 를 일정하게 유지해주던 토종식물을 벌목하고 뿌리가 얕은 농작 물들로 대체하기 시작했다. 이로 인해 지하수위가 상승하면서 토 양 속 염분 또한 지표면까지 유출됐다. 많은 땅이 염류집적에 의 해 더 이상 식물이 자랄 수 없는 토양으로 변해 버렸다.

지하수는 전 세계적으로 수십억 명 이상의 사람들에게 물을 공급하고 있다. 상수도 보급이 쉽지 않은 농촌이나 산간 또는 도 서지에서는 여전히 수원으로 지하수에 의존하고 있다.

비닐하우스 이용을 위해 소형 관정을 파고 있다.

우리나라의 지하수시설 수만 하더라도 약 166만여 개소이고, 전체 지하수 이용량 중 약 51.9%가 농업용, 41.4%가 생활용이다. 농작물에 필요한 물을 상시적으로 공급할 수 있다는 장점 때문에 논이나 밭, 원예작물, 과수원, 특수작물 등 거의 모든 재배작물에 지하수를 이용하고 있다. 또한 겨울철에는 수막재배 등에 지열 에너지원으로 지하수를 이용하기도 한다.

제주도에서는 광역상수도의 취수원으로 지하수를 이용하고 있다. 지하수는 지표수보다 정수처리 과정이 단순하고 비용이 저렴하다.

상수도가 보급되는 지역이라 할지라도 수질, 비용 등의 이유로 목욕탕, 수영장, 식당, 세차장, 빌딩, 콘도시설 등에서는 지하수를 이용하기도 한다. 또한 지하수는 온천, 먹는 샘물, 해수탕, 음료수나 화장품 원료 등 기능성 물산업의 수원으로 이용되기까지 한다.

물 부족 대안! 지하수의 현실

환경파괴 등의 문제로 댐과 같은 지표수를 통한 수자원 확보가 갈수록 어려워지는 여건과 기후 변화 영향으로 예상되는 물부족 시대에 활용 가능한 수자원으로써 지하수는 지속적으로 언급되어 왔다.

그러나 이러한 지하수에 대한 무분별한 개발과 이용은 지하수의 고갈과 오염을 일으킬 수 있다. 지하수를 상수도의 취수원으로 이용하고 있는 제주도의 경우 각종 개발사업과 강수량 부족, 지하수 사용량 급증으로 고갈 위험에 처해 있다. 2020년 6월 기준 제주도 지하수 하루 허가량은 163만 톤인데 이는 지하수 지속 이용 가능량인 하루 178만 7,000톤의 91.2%이다.

지하수 오염의 대표적인 사례는 러브커널(Love Canal) 사건이다. 1890년대 초, 윌리엄 러브(William T. Love)가 전력 획득 및 선박 운행을 목적으로 나이아가라(Niagara) 폭포에 의해 단절된 나이아가라강을 연결하는 길이 1.6km, 폭 15피트, 깊이 10피트 정도의 운하를 구상하고 공사를 진행했다. 그러나 건설 도중 미국에 경제 불황이 찾아오게 되고 재정난에 봉착하자 1마일의 큰 웅덩이, 이른바 러브커넬을 남기고 중단되었다.

윌리엄 러브의 토지는 1920년 나이아가라 시에 매각되었고 이후 화학폐기물 매립(석유화학, 화학무기 폐기물)에 사용되기 시작했다. 1947년부터는 후커케미컬(Hooker Chemical)이라는 화학공장이 단독으로 매립을 시작했는데 1952년까지 5년간 약 2만 2,000톤의 독성 폐기물을 매립한 후 시설을 폐쇄하고 4피트의 불투수성 진흙을 복토하였다.

매립 완료 당시 나이아가라 도시 인구가 팽창하여 지역학교위원회는 부지난을 겪던 중 후커케미컬 토지를 매입하길 희망했다. 후커케미컬은 매각에 반대하고, 조사공을 뚫어 폐기물 매립을 설명했음에도 지역학교위원회는 포기하지 않았다. 토지소유권에도 문제가 생기자 결국 후커케미컬은 토지를 1달러에 매각했다.

그런데 지역학교위원회와 나이아가라 시가 학교와 하수도를 건설하는 과정 중 폐기물을 덮고 있던 진흙 폐쇄층이 파괴되었다. 이로 인해 지하수에는 벤젠 등 11가지 발암물질이 유입되었고, 이 지하수가 토양을 통해 이동하면서 지하실을 통해 실내 공기가 오염되었다.

1978년 8월에 이러한 사실이 언론에 부각되자 지미 카터(Jimmy Cater) 대통령은 러브커넬을 연방 비상지역으로 선포하고 매립지 인근 1,500여 가족을 이주시켰다.

1956년 매립지와 주변 지역에 지어진 학교, 주택을 보여주는 러브커낼의 항공사진

우리나라는 무분별한 지하수 개발로 인한 수원 고갈, 폐공 방치에 따른 지하수 오염 등의 각종 지하수 장애 사례를 사전에 방지하고 효율적인 지하수 조사 및 개발, 이용 보전을 위하여 1993년 12월 10일 지하수법을 제정했다. 또한 제정된 지하수법을 시행하는 과정에서 나타난 문제점을 보완하고 지하수 공개념을 도입하여 지하수 관리 체계를 강화하는 등 지속적으로 개정해 왔다.

그러나 물관리 체계가 일정 부분 일원화됨에 따라, '지하수의 적절한 개발·이용'과 '지하수의 효율적인 보전·관리'에 관한 사항을 정하고 있는 지하수법도 이전과는 다른 패러다임의 전환이 필요하다고 지적된다. 특히 지하수법에서 낮은 비중을 차지하고 있는 지하수 오염 방지 제도는 기존의 법적 문제를 해소하고 새로운 정책적 환경에 부응하기 위해 개선이 필요하다는 목소리도 있다.

그중 가장 시급한 것은 '지하수 오염'에 대한 정의가 없다는 것이다. 이로 인해 지하수 오염 방지 제도는 대상, 요건, 조치사항 등에 있어서 규율이 불명확하다. 또한 러브커널 사례에서 볼 수 있듯이 지하수의 오염은 토양오염과도 직결된다. 그러나 지하수법과 토양환경보전법의 관계에 있어서 연계성이 부족하다고도 지적한다.

지금 당장 필요한 지하수

지하수 사용량 급증에 따른 지하수의 고갈 문제에 직면하고 있는 제주도는 생활용수와 농업용수를 포함한 물관리체계를 구축하기 위해 노력하고 있다. 강수량 부족, 가뭄 시 중산간 지역 제한급수, 해안지역 해수침투 발생 문제를 지하수의 용도별 개발과 공급으로 이원화하여 지역과 용도별로 공급하는 방안을 마련한다는 계획이다.

이제 지하수는 더 이상 미래를 위한 대체 수자원이 아니라 지금도 곳곳에서 사용되고 있는 현재의 수자원이다. 따라서 지하수

제주도는 지하수 문제를 해결하기 위해 도민참여단을 모집하기도 했다.

를 수자원의 일부로 간주하고 어떻게 배분하고 이용할 것인지 원칙을 정립해야 한다. 수자원의 중요한 한 축으로써 물관리체계로 끌어들여야 한다.

8장

국민요구
변화에
대비하라

01

국민은
안전하고 싶다

안전에 대한 인식 변화

2014년 4월 16일 아침, 뉴스 속보가 날아들었다. 진도해상에서 여객선이 침몰 중이라는 소식이었다. 그리고 얼마 지나지 않아 '전원구조'라는 뉴스 자막을 접할 수 있었다. 그러나 이 여객선 사고의 결과는 우리 모두 너무나 잘 알고 있다.

세월호 침몰 사고 당시 초기대응 과정을 지켜봤던 많은 국민들은 사회안전망인 국가라는 울타리에 대한 신뢰를 거두었다. 그 대신 우리 스스로의 안전을 어떻게 지킬 것인지에 대한 고민거리를 안게 되었다.

　이러한 국민 의식의 변화는 2015년에 발생한 메르스(중동호흡기증후군, Middle East Respiratory Syndrome, MERS) 감염 사태를 접하면서 더욱 심화되었다. 평범한 일상에서 눈에 보이지도 않는 위협에 노출되어 있는 상황과 메르스의 확산에도 감염자가 경유하거나 확진됐던 병원명 비공개 방침을 고수하던 정부의 방침을 이해할 수 없었다.

　이제 우리 국민들은 재난이 발생하면 하늘을 원망하며 정부는 수습에 애를 쓰고 있다고 믿는 대신 안전에 대한 우리 사회 시스템의 문제점을 적극적으로 지적하고, 개선을 요구하고 있다. 2017년 괴산댐, 2020년 용담댐, 섬진강댐 하류 침수사례에서 관계기관은 비가 많이 왔고 규정을 준수했다라고 답하지만 피해 주민들은 그렇다면 그 규정이 잘못되었다고 거꾸로 얘기한다.

　그리고 우리는 현재 COVID-19 시대에 살고 있다.

Don't think it doesn't affect you.

우리는 자신을 스스로 보호해야 하는 COVID-19 시대에 살고 있다.

문제 해결방식에 대한 변화 요구

우리나라가 매년 겪고 있는 자연재해로 인한 피해 중 약 90%는 호우 및 태풍에 기인한다. 이로 인해 홍수 예방 및 수해 복구에만 매년 조 단위의 예산을 투입하고 있음에도 사정은 크게 달라지지 않았다.

환경부의 〈2019년 홍수피해상황조사〉 보고서에서 분석한 태풍 '미탁'으로 인한 홍수피해 원인은 과도한 유속, 초과 강우, 토사퇴적, 제체·지반누수, 배수펌프 용량 부족 등이다.

그러나 홍수피해 원인에 대한 기술적 대책은 이미 과거에도 지속적으로 제시되어 왔던 것들이다. 이러한 구조적 대책만으로는 가속화되는 기후 변화와 이로 인해 증가하는 강우량, 지역·계절별로 확대되는 편차에 대응하기에는 한계가 있다는 것도 잘 알고 있다. 그렇기 때문에 최적 저수지 운영, 홍수 예·경보, 홍수위험지도 작성, 홍수보험 등 비구조적인 대책 또한 지속적으로 고민되어 왔다.

그러나 댐 운영기관과 하류 피해지역 주민의 입장 차이에서 볼 수 있듯이 이러한 비구조적 대책이 행정 편의적이라는 지적 또한 존재한다.

한국환경정책·평가연구원

용담댐 피해 주민협의회의 피켓 문구

에서는 2020년 홍수현황을 분석하면서 긴 장마기간 동안 발생한 홍수피해는 지금까지의 우리나라 홍수대응체계의 한계를 드러냈다고 지적했다. 그러면서 현재 국토교통부와 환경부로 이원화되어 있는 하천관리를 일원화하는 통합관리의 필요성을 제기했다.

대부분의 홍수피해는 지방하천과 소하천 주변지역에서 발생했다. 국가하천, 지방하천, 소하천 등 하천을 공간적으로 구분하여 일률적인 설계빈도를 적용한 하천제방 정비방식에서 벗어나야 한다.

홍수 발생 시 영향을 받을 수 있는 인구, 산업, 경제를 종합적으로 평가하여 하천 정비의 우선순위를 결정하고 우선순위에 따라 하천을 정비하여 예산 투입의 효율성을 높이는 위험기반 접근방식(risk-based approach)의 홍수관리가 필요하다.

국민의 안전이 최우선

환경부 또한 이러한 문제점을 인식하고 있다. 홍수예보 고도화, 지하도 및 상습 침수발생지역의 도시침수예보, 홍수예보 6시간 이상 선행 확보 및 예측 정확성 향상, 홍수 재해·재난 전조감지 등 기술 개발, 국가하천 중심에서 실제 피해 예상 지역으로 홍수위험 정보 확장, 국민생활과 밀접한 홍수정보, 홍수알리미 애플리케이션을 통한 24시간 홍수 맞춤형 정보 제공 등 국민 생활에

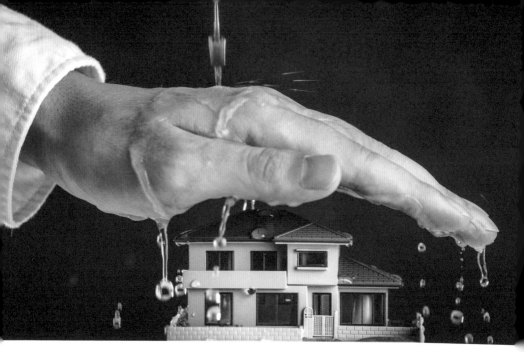

물관리와 동시에 국민의 안전을 확보하는 정책 추진도 필요하다.

맞는 홍수위험 정보를 제공하기 위한 정책을 추진하고 있다.

그러나 이러한 정책의 제목만 보더라도 기술의 속도와 정확성 향상에 무게중심을 더 둔 나머지 '국민 안전'은 놓치고 있는 것이 아닌지 살펴봐야 한다.

2020년 7월 부산에는 시간당 80mm가 넘는 폭우가 쏟아졌다. 이로 인해 부산시 동구의 초량 제1지하차도가 침수되었고, 미처 빠져나오진 못한 3명이 숨지는 사고가 발생했다. 이러한 사고 원인을 면밀히 분석하고, 실질적인 대책을 마련해야 한다.

2017년 한국정책학회에서는 물관리 일원화 정책에 대해 여론조사를 실시했다. 우리 국민 10명 중 7명은 물관리 일원화에 찬성했다. 물관리 일원화를 통해 국민들이 기대한 가장 큰 효과는 홍수/가뭄 발생에 대한 종합적 대응, 수질개선 및 지속 가능한 물관리이다. 바꿔 말하면 홍수와 가뭄에 대한 걱정 좀 덜하고 적어도 먹는 물 만큼은 안전하고 부족하지 않도록 해줬으면 하는 바람인 것이다. 국민이 안전할 수 있는 물관리가 요구된다.

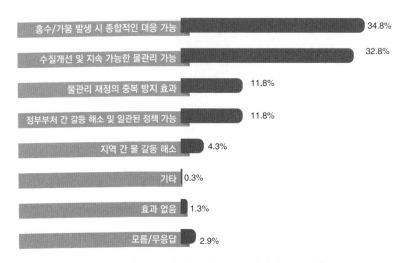

국민들은 물관리 일원화를 통해 안전과 직결된 문제들이 더 나아질 것으로 기대한다.

02

국민은
상생을 원한다

짚신장수와 우산장수

짚신장수와 우산장수인 두 아들을 둔 어머니가 있다. 비가 오면 짚신을 팔지 못하는 큰아들 걱정, 날이 좋으면 우산을 팔지 못하는 작은아들 걱정에 하루도 맘 편할 날이 없었다.

이를 지켜보던 이웃 친구는 비가 오는 날에는 우산이 잘 팔려 좋고, 날이 맑으면 짚신이 잘 팔려 좋으니 걱정하지 말라 한다. 흔히 긍정적 사고, 사고 전환의 중요성을 일깨워주는 데 자주 인용되는 우화이다.

홍수와 가뭄의 관계가 짚신장수와 우산장수의 입장과 비슷하다. 그러나 우리는 비가 많이 오면 가뭄 걱정이 없고, 비가 오지 않으면 홍수 걱정이 없다고 마냥 좋아할 수는 없다. 비가 오는 날에도, 비가 오지 않는 날에도 우리는 홍수와 가뭄 사이에서 모두를 대비해야 하기 때문이다.

여기에 환경문제도 더해진다.

환경도 중요하다

하천의 3대 기능은 이수, 치수, 환경(친수)이다. 이수는 인간이 물을 이용할 수 있게 해주는 기능이다. 생활·공업·농업용수를 제공하고, 하천이 하천답게 유지될 수 있도록 물을 흐르게 한다. 또한 교통을 위해 주운으로도 활용이 가능하고, 산업적으로는 수력발전, 어업, 골재 채취를 할 수 있도록 해준다.

치수는 기본적으로 인간의 안전과 위생을 위해 물을 다스리는 것이다. 홍수를 소통시키고, 하수 및 폐수를 흘려보낸다. 또한 지하수가 함양되게 하고, 토사가 이동하게 해준다.

환경(친수) 기능은 수질을 스스로 정화하고, 다양한 생물들이 나고 자랄 수 있는 서식처를 제공한다. 수변 또는 수상에서 다양한 여가 활동을 즐길 수도 있고, 하천의 경관은 우리의 정서를 안정시켜 준다. 또한 하천 자체가 지리적 분할기준이 된다.

하지만 산업화 이후 사회가 고도로 발전하면서 하천의 기능은 지속적으로 약화되어 왔다. 하천 기능의 약화된 부분을 현재는 다양한 댐이 채워주고 있다. 댐은 하천에 흐르는 물의 양을 조절하기 위해 인공적으로 만든 저수지이다.

일반적으로 비가 많이 내릴 때는 물을 가두어 두고, 물이 필요하면 가두어 두었던 물을 흘려보낸다. 우리나라는 기본적으로 지역별로 하천에 흐르는 물의 양이 다르고 여름철과 겨울철의 계절별 편차가 매우 크다.

이러한 수자원의 시공간적 불균형 때문에 홍수와 가뭄을 반복적으로 겪었는데 이로 인한 피해를 막고, 필요한 수자원을 확보할 수 있는 가장 확실한 방법이 댐 건설인 것이다.

그러나 댐 건설은 과거와는 다르게 아주 어려운 문제가 되었다. 바로 환경파괴 때문이다. 댐은 침전물과 영양소들을 막고, 어류와 다른 강가에 사는 종들의 이동 및 물의 흐름을 저해한다. 강물의 온도와 화학적 조성을 바꾸고, 주위의 땅에 대한 침식과 퇴적 등 지질학적 과정을 방해하기도 한다. 이는 생태계의 심각한 변화를 야기한다.

그리고 퇴적물은 댐의 후방에 갇혀 있게 되어 강 하구로 유출이 안 되기 때문에 해안에서는 침식이 더욱 가속화된다. 실제 댐 건설로 나일(Nile)강 하구가 1900년 이후 3km 이상 축소되었다.

이러한 서식지 변화로 인해 세계 민물 어류 종의 20%가 멸종 위기에 있거나 완전히 멸종됐다. 그리고 미국과 캐나다, 유럽, 구

거주민을 위해 댐 건설 반대 운동을 펼치는 인도 메다 파트카(Medha Patkar)

소련의 주요 강들의 80%가 댐에 의해 유속이 변하거나 강줄기의 흐름이 바뀌었다.

댐으로 인해 흐름이 차단되어 수질을 악화시키고 댐에 저장된 물로 인하여 안개가 발생하는 일이 잦다. 댐 하부에서 낮은 온도의 물이 근처의 공기를 냉각시킴으로써 농작물이 피해를 입기도 한다.

댐은 붕괴 가능성 때문에 대규모 피해가 발생할 수도 있다. 지난 20세기 동안 중국 이외의 지역에서 200여 개의 댐이 붕괴되거나 범람해 1만 3,500명 이상이 사망했는데 사고의 대부분은 댐의 대다수를 차지하고 있는 소형 댐에 의한 것이다.

이러한 이유들로 인해 현재 세계적으로 댐 건설에 대한 반대 여론이 높고 이를 지양하는 추세이다.

물 문제는 결국 거버넌스 문제

기상청에서 많은 비가 올 것으로 예상하여 호우특보를 내리면 홍수로 잦은 피해를 입는 주민들은 댐 관리기관이 미리 댐의 물을 방류하여 댐을 비워두었다가 폭우가 내리면 가능한 댐에서 많은 물을 받아두어 하류의 홍수피해가 발생하지 않도록 해달라고 요구한다. 그러나 댐 관리기관에서는 기상청의 예보만을 믿고 댐을 비워두었다가 만약 비가 내리지 않는다면 가뭄에 대비할 수 없다고 한다.

또 한쪽에서는 수자원 이용을 위해 댐의 긍정적 부분을 부각시키지만 다른 한쪽에서는 환경문제를 거론한다.

물은 본질적으로 다층적 거버넌스에 상당한 영향을 받는 특징이 있다. 물은 지형적·시간적 한계를 넘어 사람과 사람, 지역과 지역, 그리고 다양한 분야를 이어주는 가교 역할을 하고 있다. 그러나 대부분의 경우 수문학적 경계와 행정적 경계가 일치하지 않는다.

지표수와 지하수 등 담수 관리는 전 지구적이면서 동시에 지역적인 문제이며, 의사결정·정책·프로젝트 과정에 있어 공공, 민간, NGO 등 수많은 이해관계자들이 얽혀 있다.

물은 상당히 자본집약적이며 독점적 성향을 띠고 시장실패를 야기하기 때문에 상호협력이 필수적이다. 물 정책은 본질적으로 복잡하며 보건·환경·농업·에너지·도시계획·지역개발 그리고 빈곤 완화 등 다양한 분야와 매우 밀접하게 연계되어 있다.

미래에 직면할 물 문제는 "무엇을 해야 하는가?"라는 물음뿐만 아니라 "누가 해야 하는가?", "왜 해야 하는가?", "어떻게 해야 하는가?"라는 질문들과 함께한다.

이렇듯 물과 관련한 문제는 결국 거버넌스의 문제이다. 2010년부터 OECD는 물 정책 기획과 그 실행을 저해하는 주요 요인으로 거버넌스의 격차를 지적했다. 그리고 이러한 격차를 극복하는

다층적 거버넌스 프레임워크 : 격차를 알아내고, 그 격차를 해소하라.

OECD는 물 거버넌스는 결국 격차를 밝혀내고, 그 격차를 해소하기 위해 존재한다고 설명했다.

데 필요한 정책적 대응방안을 제시했다. OECD는 이러한 물 거버 넌스의 문제점을 밝혀내고 이를 줄이기 위해 정책입안자들을 위한 'OECD 다층적 거버넌스 프레임워크'를 제시했다.

좋은 물 거버넌스

물 거버넌스를 통해 정책결정자와 함께 이해관계자, 시민사회, 민간 기업이 책임을 공유하고, 물 거버넌스가 공공 정책을 기획하고 실행해갈 때 결과적으로 경제적·사회적·환경적 편익을 모두가 향유할 수 있다. 물 거버넌스가 이러한 역할을 충실히 할 수 있을 때 비로소 '좋은 물 거버넌스(good water governance)'가 된다.

'좋은 물 거버넌스'를 만들기 위해서는 이해관계자 참여뿐만 아니라 충분하고 안정적인 재원 확보, 정치적 의지가 중요하다.

물 거버넌스 성공에는 다양한 계층의 이해관계자들이 참여하고, 거버넌스 참여자들의 역량 자체를 강화하는 것이 무엇보다 중요하다. 재원의 안정적 확보는 '좋은 물 거버넌스'를 창출하고 유지하는 데 반드시 필요하다. 성공적으로 물 거버넌스를 운영하고자 하는 정치적 의지는 이해관계자의 적극적인 참여와 협력, 안정적인 재원 확보를 가능하게 하는 조건이 될 수 있다.

'좋은 물 거버넌스'를 구축하고 운영하겠다는 강력한 의지가 필요하다. 다양한 계층의 물관리 이해관계자가 거버넌스에 참여하고 협력하도록 해야 한다. 그리고 그 안에서 서로 지속적으로 상생할 수 있는 방안을 모색해야 한다.

03

국민은 하천을
누리고 싶다

배산임수

'뒤에 산이 있고 앞에 물이 흐른다'는 뜻으로 흔히 쓰는 배산임수(背山臨水)는 원래 배산임류(背山臨流)가 맞는 표현으로 더 넓게는 음양의 조화가 이루어진 곳을 일컫는다. 우리나라 취락의 전통적인 입지 조건이며, 풍수지리설에서는 택지(宅地)를 정할 때의 가장 이상적인 배치로 보고 있다.

우리가 지리 수업 시간에 배운 배산임수는 어느 순간 '집은 배산임수'라는 개념으로 기억 한 켠에 자리 잡고 있는지도 모른다. 이러한 이유로 이른바 '수세권'을 중요시 여기는 사람들도 있다.

'수세권'은 강이나 하천, 바다와 인접해 물을 보면서 산책이 가능한 지역을 의미한다. 동일한 단지 내에서도 한강의 일부라도 보이는 아파트와 그렇지 않는 아파트의 가격이 차이난다고 하니 우리 생활에서 하천이 차지하는 의미는 결코 가볍지 않다.

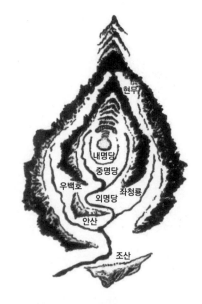

원래 명당 개념은 '왕이 정사를 보는 밝은 집'이었는데, 이를 풍수에서 인용해 '후손에게 좋은 일을 가져다줄 집터나 묏자리'로 쓰게 됐다.

하천은 국민생활 SOC

하천이 우리의 생활환경에서 중요한 공간자원으로 인식됨에 따라 하천의 친수기능은 지속적으로 확대되었다. 새롭게 정비되는 하천의 대부분은 기본적으로 산책과 휴식을 할 수 있는 공간을 제공하고, 조깅과 자전거를 탈 수 있는 도로가 만들어지고 있으며, 체육시설 또한 다양하게 조성되고 있다.

복개되어 있던 하천을 복원한 이후 많은 사람들이 청계천을 찾아 즐기고 있다.

　　정부에서도 치수·방재 중심의 하천관리에서 친수기능을 강화하여 하천을 이용할 수 있도록 정책을 변경하고 있다. 우선 하천 공간을 구분하여 하천구간 중에서 보전·복원이 필요한 구간은 철저하게 보전하거나 적극적으로 복원한다. 주민들의 활용도가 높은 곳은 적극적인 이용이 가능한 계획을 수립하도록 유도하고 있다.

　　그럼에도 하천에 대한 체감환경만족도는 2020년 37.7%로 나타났다. 체감환경만족도는 현재 살고 있는 지역의 분야별 생활환경에 대해 '매우 좋다' 또는 '약간 좋다'라고 응답한 사람들의 비율을 의미한다.

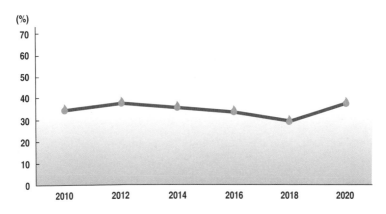

하천에 대한 체감환경만족도를 보여 주는 그래프로, 10년 전과 비교해도 크게 개선되지 않았다.

국토연구원에서는 주민친화적 하천관리를 위해 하천이 제공하는 사회·경제적 편익도 다양해지는 만큼 하천의 다면적인 성과 측정이 필요하고, 지역 주도, 지역주민 밀착형 하천정비사업으로 전환하는 것이 중요하다고 지적했다.

도시하천 구간을 중심으로 하천의 공간가치를 제고하기 위한 방안을 제시하기도 하였다. 우선 도시재생뉴딜과 지역 활성화 등 수요와 연계한 하천공간 운영의 중요성을 강조했다. 치수안전이 확보된 이후에는 주민들의 하천 이용방식을 면밀하게 조사하여 이용행태와 이용수요에 부응하도록 환경, 공간, 시설을 계획적으로 조성 및 관리할 필요가 있다는 것이다.

또한 하천에 위치한 다양한 역사·문화·관광자원을 활용해 지역의 예술·문화·여가공간으로 조성하여 생활 SOC 사업과 연계하는 등 건전한 하천문화 관련 사업도 필요하다고 했다. 하천정비가 완료되는 시점에서 그동안의 하천사업에 대한 효용을 종합적으로 점검하고, 향후 하천사업을 성과 중심으로 전환할 수 있도록 모니터링 기반을 구축하여 계획 수립 등에 활용하는 등 선순환적 체계 마련의 필요성도 제시했다.

입체적 공간으로서의 하천

토지이용의 효율적 활용과 관리를 위한 입체하천구역 도입 또한 꾸준히 검토되어 왔다. 입체하천구역이 친수사업과 연계되어 추진되는 경우 하천의 친수기능 또한 강화될 수 있을 것이라는 기대도 하고 있다.

입체하천구역은 저류조, 지하방수로 등 하천시설물의 상부, 하부의 범위를 정하는 것으로, 하천시설물 설치에 따른 하천구역의 범위를 입체적으로 결정하기 위한 것이다.

입체하천구역을 도입하는 경우 토지 부족에 따른 용지난 극복 및 도시기능을 고도화할 수 있고, 다양한 용도로 이용이 가능하다. 또한 토지보상비 최소화로 재정부담이 절감되고, 도시기능이 고도화되면 도시 성장을 지원하는 순환적 이익 창출 또한 가능하다. 상부에 공원, 공연시설 등 환경 친화적인 도시공간 및 문화공간을 조성할 수 있고, 입체구역 활용에 따라 토지소유자의 권리도 보호할 수 있는 근거를 마련할 수 있다.

하천의 공간을 입체적으로 관리하는 사례가 드물기는 하지만 일본의 경우 대심도 지하이용법을 통해 구체적 법적 기준을 마련하여 입체하천구역과 유사한 개념을 시행하고 있다.

하천이 우리에게 주는 의미는 매우 다양하다. 또한 국민 다수가 하천에 근접해 거주하거나 생활하고 있는 현실을 고려하여 하천을 생활 SOC로써 더욱 발전시켜 보전하고 이용해야 한다. 환경을 고려한 복원의 가치를 넘어 그 이상의 국민적 욕구를 하천에 담아야 한다.

3부

물! 그 이상을
생각하자

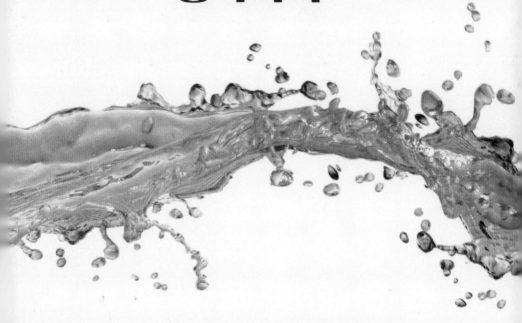

BEYOND
WATER

미래를 위한 물관리의 혁신이 필요하다

3부에서는 미래를 위해 어떻게 물을 관리해야 할지에 대한 다양한 생각들을 함께한다. 물의 힘은 문명의 발전에 전환점을 제공했으며, 이는 물과 관련된 기술의 혁신을 통해 가능했다. 과거에 얽매인 물관리를 벗어나 예상되는 다양한 미래를 대비한 물관리 방안에 대해 고민하고 준비해야 한다.

9장

도시 · 환경과
조화되게 혁신의
시너지를 높이자!

01

기후 변화를 대비하기 위한
정책적 접근법

기후 변화를 '소비'하는 방식

2부에서 설명한 것처럼 많은 과학자들은 장래 홍수영향을 전
망한 뒤에 우리 사회의 기후 변화 적응을 위한 노력이 시급하다
는 확신을 갖게 됐다. 물론 각자 가정한 장래 대기의 탄소농도 시
나리오라던지, 대기순환, 강우분석, 수문해석 등에 사용한 방법에
따라 전망치의 차이가 상당하다. 그러나 한반도가 위치한 지역이
과거에 비해 홍수피해가 증가한다는 전망은 많은 연구의 공통된
결과임을 주목해야 한다.

그럼 과학자들이 제공한 미래 전망을 물관리 정책의 영역에서 올바르게 해석하고 건전하게 활용하고 있을까? 과학자들의 연구결과가 누구에 의해, 언제, 무엇을 위해 국민들에게 소개되고 있는지를 한 번 살펴보자.

2021년 7월 중순 독일, 벨기에를 포함한 서유럽의 홍수로 200명 이상의 사망·실종자가 발생했는데, 특히, 독일의 노라트라인베스트팔렌주(州)와 라인란트팔츠주 도시의 피해는 심각했다.

21세기에, 그것도 선진국에서 왜 이처럼 많은 사람들이 사망·실종을 했는지 모든 사람들이 의아해했다. 그 궁금증을 해소하려

2021년 7월 15일 아르강 범람 상황

면 1차적으로는 조기경보시스템과 대피체계와 같은 정부의 재난 관리가 오작동한 이유를 보고, 그 다음으로는 홍수방어시설과 안전기준이 무용지물이 된 이유를 살펴보는 것이 자연스럽다. 이미 벌어진 사태 아닌가?

하지만 아직 피해상황을 제대로 파악하기 전임에도 언론에는 기후 변화 뉴스가 보도되고 있었다. 다름 아닌, 스베니아 슐체 환경장관이 "독일에 기후 변화가 도래했다", "미래의 극한 기후에 제대로 대비하는 게 얼마나 중요한지 보여준다" 등의 글을 자신의 트위터에 남겼던 것이다. 호르스트 제호퍼 내무장관도 "이런 극한 기후는 기후 변화의 결과"이며, 기후위기에 대한 대응을 강화해야 한다고 언론을 통해 언급했다. 며칠 뒤 메르켈 총리도 피해현장을 가서 "기후 변화와의 싸움에 더 속도를 내야 한다"고 강조했다. 타국의 재난상황을 언론을 통해서 겨우 접할 수밖에 없었지만 기후 변화는 마치 피해현장의 주인공과 같았다.

2020년 여름 상황을 보면 우리나라도 만만치 않았다. 전국적인 홍수가 댐 하류지역에 발생했고, 피해 주민들은 댐 운영의 과실을 지적했다. 정부(환경부, 기상청 등)와 공공 기관(한국수자원공사, 한국농어촌공사 등)의 책임공방도 있었다.

그러던 와중에 환경부는 9월 어느날 갑작스럽게 기후 변화와 관련된 연구결과를 발표했다. 요지는, 2050년이 되면 전국의 100년 홍수량이 현재보다 11.8% 증가하며, 한강 유역은 일부 감소하나 최근에 수해를 겪은 나머지 유역의 홍수량은 크게 증가한다는 점이다. 홍수방어시설 대부분은 100년에 1회의 실패를 허용하도록 설계되었으나 미래 일부 유역에는 약 4년에 1회의 실패를 겪을 수 있다는 설명도 뒤따랐다.

홍수피해를 겪은 주민들이 서둘러 일상에 복귀하도록 지원해야 하는 시점에 굳이 기후 변화 전망에 대한 보도자료를 발표했어야 했을까? 특히, 기초과학연구원(IBS) 기후물리연구단의 악셀 팀머만(Axel Timmerman) 단장은 이미 8월 26일자 〈동아사이언스〉의 "강력했던 2020년 장마는 과연 지구온난화가 주요 원인일까"라는 기사에서 이 장마는 대규모 대기 파동이 원인이지, 기후 변화가 원인은 아니라고 결론까지 내린 상황이었다.

몇 가지 사례에서 홍수상황에 직면했을 때 국내외 정부가 이 과학을 활용하는 방식에 많은 의구심이 든다. 정부가 수해에 잘 대처하지 못할 때 이제는 투표권이 없는 기후 변화를 책임의 면피용(免避用) 도구로 활용하게 된 것이 아닐까 생각된다. 기후 변화는 과학이다. 위기 상황을 모면하기 위해 급히 꺼내어 드는 히든카드가 아니다.

정책영역에서 불확실성의 의미

정책의 영역에서는 기후 변화 전망치와 함께 이 전망치에 포함된 불확실성도 매우 중요하다. 기후 변화 전망은 어디까지나 미래 온실가스 농도의 시나리오에 따른 다단계의 수치해석 결과로 발생확률의 근거가 부족하다. 우리에게 익숙한 통상의 확률이론으로는 전망치의 신뢰수준도 가늠하기 힘들다.

예를 들어, 아일랜드 국립대의 폴리(Foley) 박사는 2010년에 〈물리지리학의 발전(Progress in Physical Geography)〉이라는 저널에 기후 변화 전망치 자료의 특징을 자세히 설명했다. 이 전망치는 확률적 근거가 매우 희박한데 흔히 불확실성이라고 지칭하지만 좀 더 명확하게 표현하면 '모호함'에 해당한다.

그렇다면 발생 가능성에 대한 근거 부족으로 물관리시설을 계획할 때 주로 사용하는 확률이론은 전혀 활용할 수가 없다. 베이즈 이론조차 이런 자료까지는 처리할 수 없다. 확률적 근거가 이 정도 수준이라면 시나리오 분석법은 겨우 의사결정 도구로 사용할 수 있다는 것이다.

이런 상황에서 끊임없는 질문이 발생한다. 50년, 아니면 100년 뒤에나 벌어질 '만약 그렇다면(what-if)'의 전망으로 대규모 건설공사와 주민 재산권 규제를 수반하는 중요한 의사결정을 하는 게 올바른 일인가? 그렇다면 무슨 방법으로 의사결정을 해야 하는가? 일반적인 아열대 지역의 기후조건을 상정해 먼 미래를 위해 투자한다면 국민들이 받아들일 수 있을 것인가? 이제 경제적 효율성과 사회적 수용성이라는 정책결정의 품질을 어떻게 보장할 수 있는가?

기후 변화 전망치를 활용하는 어느 세 명의 엔지니어를 생각

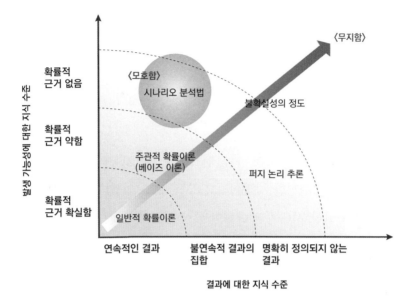

폴리 박사의 연구를 설명하기 위해 그린 개념도. 기후 변화 전망치가 지닌 불확실성의 종류와 이를 고려해 의사결정하기 위해 필요한 방법을 잘 보여준다.

해보자. 우선, 엔지니어 1은 실제 재현 가능성에 대한 과학적 근거를 굳이 따지지 않고 용감하게 행동을 강행하는 사람이다. 이 사람은 불필요한 시설투자를 한 뒤 나중에 되돌릴 수 없게 되어 뒷세대에게 큰 부담을 지게 할 위험이 있다. 의정부 경전철 문제처럼 앞세대의 잘못된 결정을 뒷세대가 원망하는 사례는 얼마나 많은가?

엔지니어 2는 전망치가 정말 현실이 될 때까지 행동을 계속 미루는 사람이다. 뒷세대에게 일어날 문제라는 이유로 적응노력을 적기에 하지 않는 것이다. 연금개혁 문제처럼 앞세대가 행동하지 않은 무책임함을 뒷세대가 원망하는 사례 또한 얼마나 많은가?

엔지니어 3은 전망치가 확실하지는 않더라도 현재와 미래 모두에게 도움이 되고 쉽게 수습 가능한 행동을 하는 사람이다. 현세대의 지식으로 최선이었음을 미래세대도 잘 이해해 줄 것이라 생각된다.

엔지니어 1을 무모한 사람, 엔지니어 2를 보통의 사람, 그리고 엔지니어 3을 현명한 사람이라고 부를 수도 있겠다. 기후 변화로 인한 불확실성 시대에 접어들면서 예측을 실패하더라도 크게 잘못되지 않고 현재의 문제를 해결하는 데도 큰 도움을 주는, 소위 '강건한' 전략을 채택해야 한다. 엔지니어 3은 현재에도 그리고 나중에도 자신의 행동을 잘 정당화할 수 있을 것이다.

미래 대비를 위해 어떤 원칙이 가능할까?

2014년에 독일의 스테파네 헬레가트(Stéphane Hallegatte) 교수는 『자연재해와 기후 변화(Natural Disasters and Climate Change)』라는 책의 결론부에서 기후 변화 적응의 기본원칙을 자신의 경제학적 관점에 따라 기술한 적이 있다. 앞에서 말한 엔지니어 3의 의사결정 규칙이라고 볼 수도 있을 것이다. 헬레가트 교수는 첫 번째로 후회하지 않을 대책이 중요하다고 말한다. 이는 기후 변화와 무관하게 현재의 문제를 해결하는 데 크게 도움이 되는 대책인지

시나리오 자료를 활용해 후회하지 않는 결정을 하기 위한 방법론은 꾸준히 연구가 진행되고 있다. 특히, 로버스트 결정이론(robust decision theory)은 각종 물관리 문제의 최적해를 검토하는 데 적극 활용될 것으로 예상된다.

를 의미한다. 정부가 당연히 시행했어야 하나 기술적·재정적으로, 혹은 제도적인 어려움으로 인해 그동안 하지 못한 것이 있는지 확인해봐야 할 것이다.

둘째로는 변경 가능하고 유연한 대책이 중요하다. 먼 훗날 기후조건에 맞게 운영방식 등의 변경이나 값싼 개·보수를 통해 예측의 실패비용을 최소화하면서 제 기능을 할 수 있는지가 판단의 척도가 될 수 있을 것이다.

세 번째로 값싼 안전마진(safety margin)을 활용하는 것도 중요하다. 만일 대책이 시행된 뒤에 복구가 거의 불가능하다면, 기후변화로 실현될 수 있는 다양하고 복합적인 미래상을 포괄할 수 있는 대책인지에 대한 판단기준이라 할 수 있다.

네 번째로는 가능하면 소프트(soft)한 전략을 취해야 한다는 점을 강조하였다. 같은 목적이나 효과를 가져올 수 있다면 가급적 법제도 개선을 통한 관리역량 확보를 우선시해야 한다는 것이다.

다섯 번째로는 꼭 구조물을 설치해야 한다면 근미래에 당장 필요하고 수명이 짧은 시설이 유리하다는 점이다. 이 판단기준은 상당한 실패비용을 수반할 수 있는 구조물의 계획에서 미래가 불확실하다면 이미 확실시된 변화만을 반영하는 게 최선이라는 관리과학의 오랜 전통을 환기시킨다.

마지막으로 긍정적인 파급효과를 중시해야 한다는 점 또한 강조하고 있다. 지역의 역량 개발, 주민의 주체성 제고, 약자 배려와 고통분담, 온실가스 감축 등 사회에 바람직한 편익가치를 추가로 제공할 수 있는지는 기후 변화 적응대책을 검토할 때 따져봐야 할 중요한 기준이라고 할 수 있다. 바꾸어 말하면 새로운 갈등이나 부작용을 유발할 가능성이 높은 대책은 가급적 지양하는 것이 바람직할 것이다.

어느 나라이든지 정부는 홍수가 발생하면 민관합동 대책반을 꾸려서 빠르게 원인을 조사하고 수해재발 방지를 위한 항구적인 대책을 발표하는 방식을 취한다. 그러고는 몇 년간의 국가예산을 확보해 발표문과 관련된 정책과 사업을 전개하는 방식을 취한다. 기후 변화가 유행이 된 이후에는 수해재발 방지대책이 아닌 기후위기 극복을 위한 적응대책이라는 표현을 사용하는 것을 볼 수 있다.

진정한 기후 변화 적응대책이 되려면 특정 부서(2020년에는 '환경부 기후위기 대응 홍수대책 기획단'이라는 이름으로 조직됨)가 각 부서의 담당자로부터 대책을 취합하고 자문회의를 통해 전문가 의견을 청취하는 형식만으로는 부족하다. 몇 년의 기간에 한정한 긴급 사업계획이 아니기 때문이다. 최소한 헬레가트 교수가 제시한 것과 같은 기본원칙을 가지고 제대로 된 적응대책인지를 토론하고 평가하는 게 필요하다.

02

도시·환경과 조화되는
하천분야 치수정책

Hard-Path형 대책은 이렇게 하자

Hard-Path형 대책이란 장기간 건설공사를 통해 하천, 댐 등의 홍수방어 용량을 확보하는 방식의 홍수관리대책을 의미하며 그중에서도 하천정비사업이 대표적이다.

하천정비사업을 통해 홍수방어를 계속하더라도 이제는 하천 주변지역 홍수위험에 맞춰서 홍수방어목표를 적정화해야 한다. 정부와 지자체 재정여건에 따라 차이는 있으나 통상 100년에 1회 수준의 홍수방어의 실패를 허용하도록 하천정비사업을 추진해왔는데, 홍수방어의 근본적인 철학을 다시 생각하게 된다. 즉, 하천 주민들이 홍수로부터 얼마만큼 안전하도록 국가가 보호해야 하는지에 관한 고민이 필요하다. 우리는 하천계획을 수립할 때 발생 가능한 강우와 하천유량의 확률은 매우 신중하게 분석한다. 정작 하천의 구간별로 달라지는 주민의 인명손실이나 재산피해의 가능성과 크기에 대해서는, 그것이 홍수방어의 핵심임에도 불구하고 그렇게 신경을 쓰지 못했다.

앞으로 하천기본계획을 수립할 때 하천의 구간을 구분한 뒤 주변의 개발여건에 맞춰 홍수방어목표를 심도 있게 결정할 필요가 있다. 하천이 산지나 녹지를 관통한다면 상·하류 유수소통이 원활한 범위에서 최소한의 설계빈도를 설정하는 동시에 가급적이면 토지이용 규제를 활용하여 홍수로 인한 생태적인 이점도 누릴 수 있도록 해야 한다.

이에 반해, 하천이 도시지역을 관통한다면 주변지역 홍수위험이 사회적 허용기준에 부합하는지 과학적으로 엄격하게 평가한 뒤 설계빈도를 신중히 결정해야 할 것이다. 이 같은 방식으로 홍수방어의 합리성을 높이려면 주변지역 특성에 따른 하천구간 구분방식 결정, 홍수위험에 대한 사회 규범적인 허용기준 설정, 홍수 위험도 평가의 표준방법 정의, 토지이용 규제에 대한 중앙정부의 지원·감독 기능 등의 쟁점이 많이 남아 있다.

사회 규범적인 허용기준이란 하천 배후지역의 개인이나 전체 주민을 대상으로 홍수의 발생확률별로 얼마만큼 인명피해나

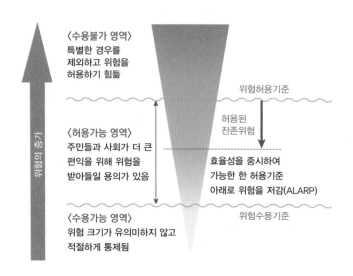

〈수용불가 영역〉
특별한 경우를
제외하고 위험을
허용하기 힘듦

위험허용기준

위험이 증가

〈허용가능 영역〉
주민들과 사회가 더 큰
편익을 위해 위험을
받아들일 용의가 있음

허용된
잔존위험

효율성을 중시하여
가능한 한 허용기준
아래로 위험을 저감(ALARP)

〈수용가능 영역〉
위험 크기가 유의미하지 않고
적절하게 통제됨

위험수용기준

홍수위험에 대한 사회적 허용기준을 설정하기 위한 미국 공병단의 개념도

재산손실을 허용할지를 설정하는 것을 말한다. 이 허용기준은
국가의 과거 피해이력, 재난관리 목표, 시민들의 위험인지 수준
등을 반영할 수 있도록 설정되어야 한다.

최근에는 학술연구를 넘어 정책·실무에서 허용기준의 설정
사례가 발견되고 있다. 미국 공병단은 오랜 기간 이러한 허용기
준을 계속해서 검토하고 있는데, 향후 허용기준이 결정되면 이
를 충족하지 못하는 하천의 배후지역에 대해서는 토지이용 및
건축물 규제를 적용하고 보험을 의무화하는 방안을 고려하고
있다. 네덜란드에서는 최근 하천구간별로 홍수방어목표를 조정
하였는데, 여기에는 델타 위원회에서 제안한 높은 위험허용기준

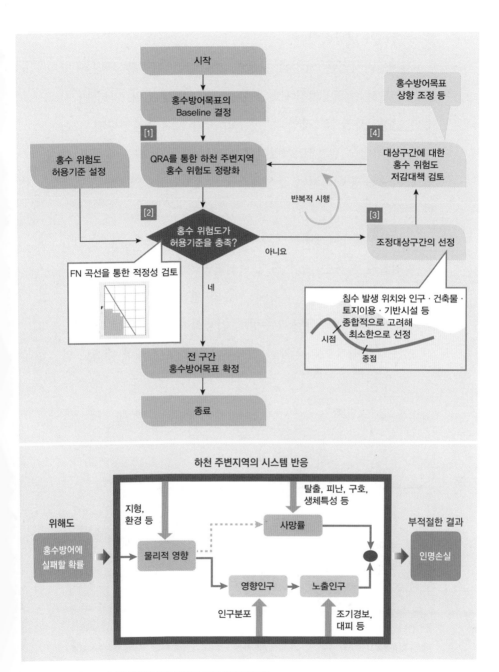

하천의 홍수방어목표 적정성 확인을 위한 위험도 평가 방법론의 예

을 충족하기 위함이었다.

하천정비사업은 기존에 구축한 홍수방어 기능을 제대로 담당하지 못하는 취약지점에도 초점을 둘 필요가 있다. 몇십 년 지속된 건설공사를 '본 작업'과 '마무리 작업'으로 구분한다면, 과거 하천정비사업을 본 작업이었다고 생각하고 앞으로는 마무리 작업에 치중해 홍수피해의 풍선효과를 방지하는 데 역점을 두어야 할 것이다.

2020년 홍수피해에서 경험하였듯이 하천이 홍수 시 제 기능을 발휘하지 못하는 여러 가지 현실적인 이유가 있다. 하천은 연속적이지만 합류부에서 본류와 지류의 관리청 구분은 설계빈도 차이로 이어져 결국 하천 홍수방어 기능의 단절이 발생한다. 지형적 또는 수리학적으로 취약한 협착부나 굴곡부에 대한 대책도 완

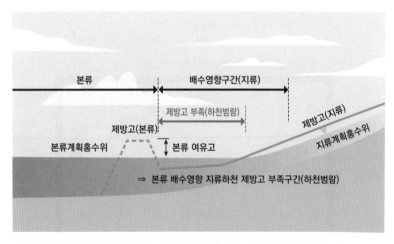

하천의 합류부에서 본류의 배수영향으로 인해 지류하천의 제방고가 부족해지는 구간을 보여주는 개념도

료되지 않았으며, 지역·주민과의 협의가 이뤄지지 않은 경우 '홍수관리구역'으로 남겨두고 사업을 뒷날로 미뤄버린 곳도 많이 존재한다.

과학기술의 발전과 함께 하천설계기준이 몇 차례 개정되었으나 예산과 관심 부족으로 기준을 충족하지 못하는 하천시설과 교량도 제법 방치되어 있다. 저수로의 퇴적과 식생이 지나치게 번성해 홍수소통 단면이 급격히 줄어들어 산인지 강인지 잘 구분되지 않는 구간도 쉽게 발견할 수 있다. 관리비의 부족이나 고유 생물종 영향을 막연하게 걱정하면서 방치하고 있는 것이다. 이러한 하도 육역화 현상에 대해서도 치수와 환경관리가 조화되는 대응방안을 시급하게 개발해야 한다.

Soft-Path형 대책은 이렇게 하자

Soft-Path형 대책이란 주로 계획, 규제, 기준, 평가 등의 방법으로 관리역량을 지속적으로 보완하는 데 초점을 두는 홍수관리 대책을 의미하며 그중에서도 토지이용 규제, 안전관리체계 정비 등이 대표적이다.

도시공간관리와 홍수관리는 계획 간의 연계성이 필요하다. 굳이 시가화지역으로 활용해야 하는 공간이 아니라면 홍수터에는 홍수가 발생하는 것이 정상이다. 이는 높은 수준의 환경질을 유지하기 위해서도 필요하다.

유로(流路)의 변경과 이로 인한 사회 갈등 가능성을 고려하면 하천 폭을 충분히 확보하는 전략도 중요하다. 현재까지는 홍수소통에 직접 도움되지 않는 하천 배후지역을 '폐천부지'로 분류해 지자체에게 개발 가능한 유휴부지로 활용할 수 있게 제공하고 있다. 앞으로는 이 공간에 남아 있는 수방림을 수림대로 복원하고 홍수 완충공간으로서 보전하면서 평소에는 지역·주민이 친환경적으로 활용하는 방안을 취하는 것이 바람직하다.

완벽한 홍수방어가 불가능하다는 사실을 지자체가 도시계획을 수립할 때에도 충분히 고려해야 한다. 홍수의 '잔존위험

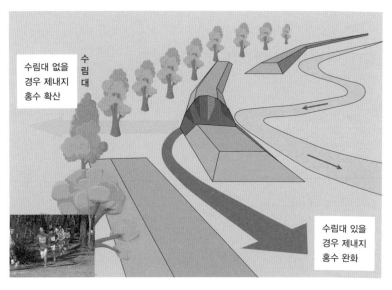

홍수터의 환경을 배려하기 위해 제방 수림대를 조성한 일본 아라카와 개수사업

(residual risk)'크기에 맞춰 하천 주변지역의 토지이용을 제한하고 경우에 따라서는 피해저감(damage mitigation) 목적의 완충공간을 조성하는 것도 중요하다. 그러면 어떻게 해야 할까?

우리나라는 2010년대 강남역 침수, 우면산 산사태 등을 겪은 뒤 국토계획법을 개정해 지자체의 도시계획에서 사전조사로 재해 취약성 분석을 수행하고 있다. 도시를 구성하는 작은 공간단위별 로 다양한 지표들을 중첩함으로써 자연재해의 위험을 평가하며, 위험등급이 높은 공간에 대해서는 토지이용이나 건축물 설치의

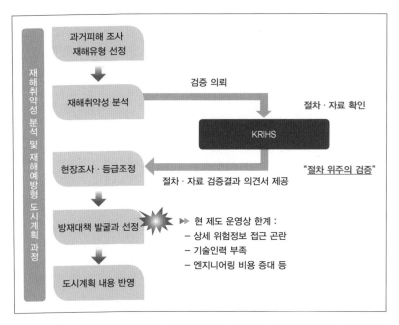

도시 공간계획 수립단계에서 방재대책 검토방법의 문제. 간접적인 공간지표를 가지고 단순한 GIS 분석을 실시한 뒤 토지를 등급화하는 데 그치고 있다. 신뢰할 만한 위험 정보도 부족하고 재해 극복 을 위해 공간대책을 시도해야 할 의무도 없다. 이 재해 취약성 분석은 중요성에도 불구하고 전혀 실 효성을 갖추고 있다고 보기 힘들다.

적정성을 검토하고 방재지구 지정, 공원과 녹지의 확보, 토지이용 제한 등 공간계획적 대책을 강구하도록 정하고 있다.

도시계획에서 자연재해의 위험을 그다지 중요시하지 않기 때문에 현재의 재해 취약성 분석은 지자체가 공간계획을 결정할 때 자연재해 측면에서 특별한 제약이 없음을 확인했다는 형식 절차로 활용된다(이에 대해 자세한 내용은 김슬예 외, 2017). 앞으로는 도시·지역 개발을 우선시하는 지자체에 이 제도를 맡겨만 둘 것이 아니라, 중앙정부에서 지자체의 분석결과를 엄격히 검증하고 다양한 공간대책을 잘 발굴·시행하도록 지원함으로써 제도의 본래 취지를 잘 살려야 할 것이다.

아울러, 기술 집약적인 민간산업을 육성하면서 하천 유지관리도 본격적으로 추진해야 한다. 우리나라는 애초에 홍수 위험의 크기에 맞춰 택지나 경작지가 자연스럽게 조성되었다고 보기는 힘들다. 20세기 초반부터 하천이 제공하는 경제적인 편익을 취하기 위해 제방을 쌓으면서 배후지역을 함께 개발하는 방식을 취해 왔기 때문이다.

하천제방은 상당한 인명과 재산을 보호하고 있으므로 관리 부실로 제방이 월류나 붕괴되면 매우 방대한 지역의 사회·경제 기능이 마비된다. 문제는, 제방이 아무리 역학적으로 잘 설계되더라도 흙으로 쌓은 단순 토목구조물에 불과하다. 홍수·지진 등 외력에 의한 변형, 구조적 노후화, 그리고 인간이나 동·식물에 의한 훼손으로 시간이 지남에 따라 제방은 취약해질 수밖에 없다.

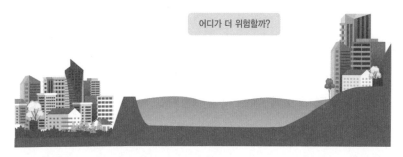

어디가 더 위험할까?

제방으로 보호되는 지역과 홍수로부터 이격된 지역 중 어디가 더 위험한지를 보여주는 그림이다. 아무런 방어시설이 없기 때문에 주민들은 오른쪽이 위험하다고 생각할 수 있다. 왼쪽 지역의 경우 주민들은 제방이 완벽히 보호한다고 믿고 있지만 설계상의 위험은 동일하다. 만일 제방이 부실하다면 왼쪽 지역은 비교할 수 없을 만큼 잔존위험이 더 크다.

위험인식에 대한 연구결과(예로서, Ludy & Kondolf, 2012; Cologna 외, 2017)를 보면, 지역주민들은 제방이 확실히 안전하다고 믿는다. 그러다 보니 제방을 쌓고 나면 실제 안전 여부와 관계없이 배후지역에 개발밀도가 증가하고 자산투자가 이뤄진다(외국의 경우 하천정비 공사비를 회수하기 위해 개발사업을 진행한 사례도 있음).

그러나 많은 전문가들은 학술적으로든, 경험적으로든 제방이 보장할 수 있는 신뢰도가 그리 높지 않음을 알고 있다. 잔존위험에 무방비하게 노출된 지역주민을 위해서라도 제방의 유지관리는 매우 중요시되어야 한다.

하천 유지관리는 주기적인 안전관리와 보수·보강에 상당한 예산이 필요하다. 그러나 평상시 주민 관심이 높지 않고 투자효과를 체감하기 힘들기 때문에 예산 확보가 쉽지 않다. 그러다 보니, 비용절감을 위해 제방 안정성 등의 점검을 간소화하게 되어 내부상태를 제대로 파악하지 못하게 되며, 외관 정비 외 제대로 된 보수·보강 공사를 하지 못해 결국 시설의 노후화를 막지 못하는 악순환을 겪게 된다.

이렇게 하다 보면 어느 시점에는 보수·보강해야 할 수량이 집중되어 국가와 지자체 재정으로 감당하지 못하는 상황에 빠지기

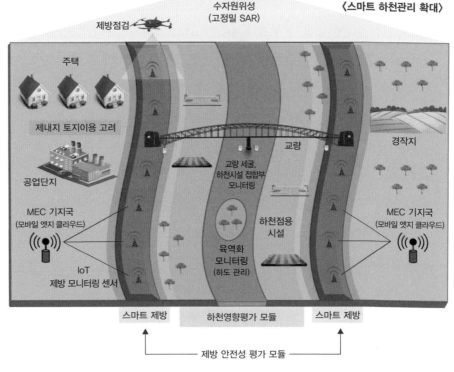

하천 안정성 스마트 관제체제를 구축하기 위한 디지털 리버 사업의 개념도

쉽다. 하천에 기본적인 홍수방어 기능을 확충한 시점에서 하천정비의 시대에서 유지관리시대로 전환할 수 있도록 하천법령의 정비를 서둘러야 할 것이다.

치수 측면의 효과에 대해서 사람마다 생각이 다를 수 있지만, 현재 많은 국가에서 기후 변화 적응의 일환으로 자연형 홍수관리대책(nature-based solution)을 중시하고 있다. 자연형 홍수관리란 하천의 통수능력에 대한 의존도를 낮추는 한편, 유역 차원에서 다양한 경관요소, 즉 산림, 토지·토양, 홍수터, 하도 등을 보다 자연적인 상태로 복원하면서 홍수피해를 저감하는 방법을 의미한다. 수방림, 공원·녹지, 저류지, 침사지, 습지, 개방형 불연속 제방 등이 중요한 대책으로 활용된다.

스코틀랜드에서 2009년 제정된 홍수위험관리법을 근거로 추진하는 자연형 홍수관리(natural flood management)나, 일본에서 2013년에 제정된 국토강인화기본법을 근거로 추진하는 생태계를 활용한 방재·감재(eco-DRR) 등이 대표적인 사례라고 말할 수 있을 것이다. 생태계를 복원하면서 홍수와 공생할 수 있는 정주환경을 조성하는 데 기본취지가 맞춰져 있다.

유역 차원에서 친환경적인 치수대책을 발굴하는 것은 현재에도 여러 가지 측면에서 바람직하며 장래에도 후회하지 않을 대책이 된다. 홍수대책으로서의 효과에 일부 모자람이 있더라도 환경성 증진, 미기후 개선, 지역 참여의식 고양, 유휴부지의 공익적 활용 등의 측면에서 분명한 공편익(co-benefit)을 지니고 있다.

스코틀랜드의 자연형 홍수관리의 개념도

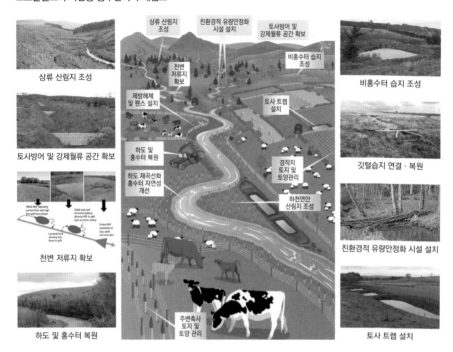

상류 산림지 조성

토사방어 및 강제월류 공간 확보

천변 저류지 확보

하도 및 홍수터 복원

비홍수터 습지 조성

깃털습지 연결·복원

친환경적 유량안정화 시설 설치

토사 트랩 설치

자연형 홍수관리(NFM)를 위한 대책수단의 유형 구분

구분	유형	홍수관리의 효과
산림지 조성	유역 산림지	유출 감소
	홍수터 산림지	유출 감소/홍수터 저류
	강변 산림지	유출 감소/홍수터 저류
토지 관리	토지와 토양 관리	유출 감소
	농지 및 고지대 배수 개선	유출 감소
	범람원 외 습지	유출 감소
	육상퇴적물 가두리	유출 감소/퇴직물 관리
하천·홍수터 복원	하천 둑 복원	퇴직물 관리
	강 형상 및 범람원 복원	홍수터 저장/퇴직물 관리
	하천 제방	홍수터 저장
	침수지·저류지	홍수터 저장

많은 국가에서 정부의 적극적인 시범사업에도 불구하고 아직은 해결해야 문제가 많이 남아 있다. 자연형 홍수관리대책의 선발주자라고 불리는 스코틀랜드조차 계획·설계경험 부족, 홍수저감 효과 실증의 어려움, 토지이용계획과의 충돌, 부지 확보 곤란, 대중의 신뢰 부족, 행정권한의 한계 등의 문제를 드러냈다(Waylen 외, 2018). 그럼에도 불구하고 현재 다른 공편익을 누리기 위해서든, 아니면 장래의 기후 대응력 확보를 위해서든 어차피 해야 할 일이다. 해외 국가들의 선도사례를 깊게 이해하면서 국내 실정에 맞춰 제도적·기술적 역량을 함께 개발해 나가야 한다.

10장

용수공급,
국토여건 변화에
순응하자!

01

문명의 발생과
물 문제

물은 최초 문명의 원동력

최초로 문명이 발전한 메소포타미아 산지의 농부들은 티그리스-유프라테스강 유역에 있는 홍수범람원이나 늪지로 이주했다. 이곳은 비가 적게 오고 수인성 질병들이 창궐하는 험악한 말라리아 지역으로 극심한 홍수와 가뭄이 발생하는 곳이다. 이곳으로 사람들이 이주해 가는 현상은 현대인의 생각으로는 이해가 안 되는 부분이다.

그러나 티그리스-유프라테스강은 이러한 모든 단점을 상쇄하는 탁월한 장점이 있었다. 하나는 안정적인 물 공급이고, 다른 하나는 범람과 함께 땅으로 밀려와서 쌓이는 비옥한 충적토이다. 물을 잘 활용할 수 있는 관개시설을 건설하고 유지관리만 잘 한다면 안정적인 물 공급과 함께 물론 충적토로 이루어진 토지에서 산지의 농업에 비해 몇 배의 더 많은 수확을 올릴 수 있게 된다.

고대 문명은 대규모의 물 공급이 가능한 나일강, 티그리스-유프라테스강, 인더스-갠지스강, 그리고 황하강에서 발생한 것은 모두가 알고 있는 사실이다. 대규모 강을 통한 안정적인 물의 공급은 일차적으로 생활용수를 통하여 인구의 대규모 집중을 가능하게 하고 농업용수를 통하여 이러한 인구를 유지할 식량 생산을 가능하게 하였다.

생활용수의 공급과 함께 농업이라는 산업을 통해 물은 문명의 발생을 가능하게 하는 원동력이 되었으며, 더 나아가 큰 강을 이용한 교통과 물류산업을 통하여 원시적인 문명의 형태를 갖추게 됐다.

물의 오염과 부족, 그리고 편중

산업혁명 이후 급속한 산업의 발달로 공업용수가 필요한 공장들은 점점 증가하게 되었고, 동시에 배출되는 폐수로 인하여 물의 오염이 가속화됐다. 국가의 수질보전을 위한 노력은 계속되고 있으나 인구의 도시집중이 늘어나면서 도시 주변의 하천은 여전히 수질오염의 공포에서 벗어나지 못하고 있다.

중국 양쯔강의 경우 급속한 산업화와 댐 건설, 공업용수 및 농업용수의 사용 등으로 지난 50년 동안 오염도가 73%나 높아지면서 우리나라 서해까지 영향을 주고 있다. 세계 최장의 나일강은 강물의 수위가 날로 낮아지고 있으며 미국과 멕시코의 주요 식수원인 리오그란데강도 말라가고 있다.

더욱 심각한 문제는 물이 지역적으로 편중되고 있다는 점이다. 일반적으로 한 사람이 하루 동안 마시고 씻고 요리하고 청소하는 등 기본적인 생활을 영위하는 데 필요한 물의 양은 최소 50L라고 한다.

그러나 아프리카 일부 지역의 사람들은 1인당 하루평균 5~20L의 물만 사용한다. 인도 뭄바이 지역의 화장실 1개당 사용 인구는 무려 5,440명에 이른다. 하지만 미국의 1인당 하루 물 사용량은 378L에 이를 정도로 풍부하다. 우리나라의 경우 2019년 기준 1인당 하루 물 사용량은 295L(2000년대 중반 이후 270~295L, 2006~2019년 평균 282L) 수준이다.

더욱 심각한 점은 물 빈민국가의 경우 그나마 공급받는 물이 깨끗하지도 않다는 점이다. 세계 물포럼에 따르면 현재 약 11억 명이 안전한 물을 마시지 못하고 있으며 매년 500만 명 이상이 수인성 질병으로 사망하고 있다.

세계 인구의 급증도 물 부족을 부채질하고 있다. 2050년이 되면 전 세계 인구는 약 90억 명에 이를 것으로 추정되며 그 증가 분의 대부분은 개발도상국의 인구일 것이라고 예상되고 있다. 개발도상국의 인구증가는 곧 도시화의 증가로 이어져 2050년이 되면 전 세계 인구의 2/3가 도시에 거주할 것이다.

지구온난화로 인한 급격한 기후 변화도 문제이다. 과학자들은 지구의 평균온도가 2℃ 상승하면 물은 줄어드는 반면에 물의 이동은 더욱 필요해지고 가뭄은 더욱 자주 발생하게 되어 오늘날의 반건조 지역들은 심각한 피해를 받을 것이라는 분석결과를 내놓았다.

이미 시작된 블루골드의 시대

현재 물 부족과 환경 훼손 문제가 세계 정치와 인류문명을 좌우하는 결정적인 요소로 급부상하고 있다. 물이 풍부했던 시대가 끝나고 인구과밀, 물의 불균형과 만성적 부족, 그리고 환경 악화 및 지속가능성의 문제가 빈번히 대두되는 새로운 시대가 이미 시작되었다.

역설적인 사실은 물은 생명에 필수적인 요소여서 값을 매길 수 없을 정도로 귀하지만 물은 점점 부족해지고 있고 인간이 잘못 관리하고 비효율적으로 배분하여 가장 낭비가 심한 자원이라는 점이다. 다시 말하면 우리 사회가 물을 잘못 관리한 것이 물 부족 위기의 주요 원인 중의 하나라는 것이다.

우리가 살고 있는 지금의 시대에서 물은 전 지구적 차원의 식량 부족, 에너지 부족, 그리고 기후 변화 등의 세 가지 문제들과 상호 작용하고 있다. 점점 심각해지고 있는 전 지구적 물 부족 문제에 대한 해결책이 곧 제시되지 않는다면 20세기 후반에 석유 파동을 겪을 때 그랬던 것처럼 21세기에는 물파동의 위험이 도사리고 있다.

전 세계 인구의 약 20%로 추정되는 최악의 물 빈곤국가들, 즉 마시고 요리하고 씻는 데 필요한 기본적인 수요조차 충족하지 못하는 지역들, 초보적인 공중화장실을 포함한 적절한 위생조건을 갖추지 못한 전 세계 인구의 약 40%가 거주하는 지역들, 그리고 10년에 한 번 정도로 반복되는 홍수, 산사태, 가뭄 등에 의해 삶이 황폐해지는 20억 인구가 사는 곳에서도 물과 관련된 문제들이 끊임없이 생겨난다. 이들은 대부분 아프리카와 아시아 내 정치적 또는 경제적으로 열악한 국가들 혹은 개발도상국의 가난한 농촌지역에 거주하는 사람들이다.

지난 20세기가 블랙골드(black gold), 즉 석유의 시대였다면 21세기는 블루골드(blue gold), 즉 물의 시대가 될 것이라고 많은 사람들이 예측하고 있다. 블루골드는 1999년 캐나다 최대 일간지 중 하나인 〈내셔널 포스트〉지가 처음 사용한 용어로서 물이 곧 황금산업이라는 걸 의미한다. 물이 석유나 황금처럼 막대한 이득을 안겨줄 것이라고 보는 이유 중 하나는 기후 변화로 인한 세계적인 물 부족이 점점 심각해질 것이라는 예상 때문이다. 지금 전 세계적으로 모든 사회에 직면하고 있는 물에 대한 핵심적인 사항은 물 부족과 동시에 증가하고 있는 적정한 수준(수량, 수질 등을 품질을 갖추고 있는 물)의 필요량을 어떻게 확보할 것이냐에 대한 것이다.

02

우리나라는
물 부족 국가인가?

우리나라의 물 스트레스 지수는 57.6%

다음 그림은 유엔에서 공개한 〈2019년 세계 물 보고서〉 14쪽에 실린 지도로, 우리나라를 물 스트레스 국가로 소개하고 있다. 지도에서 한국은 물 스트레스 지수가 25~70% 수준으로 '물 스트레스 국가'로 분류되어 있다. 참고로 물 스트레스 지수가 70% 이상인 나라는 우리가 흔히 물이 부족할 것이라고 알고 있는 북아프리카와 중동의 물 부족 국가들이다.

그러면 "우리는 과연 유엔이 정한 물 부족 국가인가"라는 의

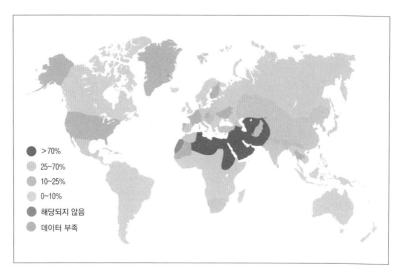

국가별 물 스트레스 수준

심을 할 수밖에 없다. 유엔의 식량농업기구(Food and Agriculture Organization of the United Nations, FAO)의 통계에 따르면 국가별 물 스트레스 지수는 다음과 같이 산정한다.

물 스트레스(%) = 100 × {(담수 수자원 취수량) / (전체 수자원 − 환경유지용수)}

물 스트레스 지수는 쉽게 말하면 전체 담수 수자원 중에서 어느 정도를 끌어 쓰느냐 하는 비율(%)에 환경유지용수 부분을 고려한 것이다. 한국은 2005년 기준으로 담수 수자원 중에서 41.7%를 끌어다 쓰는 것으로 분석됐고, 물 스트레스 지수는 57.6%로 산출됐다. 전체 수자원 중에서 환경유지용수로 흘려보내야 하는 부분을 제외한 결과, 분모가 작아지면서 물 스트레스 지수가 높아진 것이다.

우리나라가 물 스트레스 국가로 지정된 이유는 국토면적이 좁고 인구밀도가 높으며 강우량이 여름에 집중되어 이용 가능한 수자원이 부족하기 때문이다. 제1차 국가물관리기본계획에 따르면 한국의 연간 강수량은 세계 평균인 813mm보다 많은 1,252mm이지만, 국토면적이 좁고 인구밀도가 높아 1인당 이용 가능한 수자원량은 1,507m³/년 규모로 세계 중위값의 1/3, 세계 평균의 1/13 수준이다.

더욱이 국토의 70% 정도가 급경사의 산지로 이루어져 있고, 강수량 대부분이 여름철에 집중되면서 많은 수자원이 바다로 흘러간다. 그래서 실제 이용 가능한 수자원은 1인당 1,500m³/년

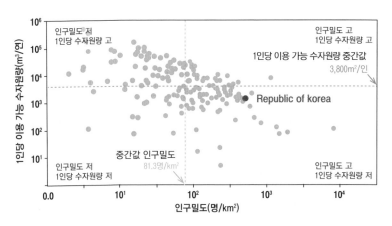

2017년 국가별 물 스트레스 수준. 인구밀도와 1인당 이용 가능 수자원량을 보여주는 그래프로 우리나라는 세계 평균의 10%에도 미치지 못한다.

을 밑도는 것이다. 수자원이 부족하다 보니 물을 취수하는 비율이 높아져서 물 스트레스 국가가 된 것이다. 유엔의 식량농업기구(FAO)가 한국을 물 스트레스 국가로 분류한 것은 맞는 것이다.

우리나라는 세계에서 손꼽히는 가상수 수입국

'물 스트레스 국가'라는 개념이 '물 부족 국가'와 동일한 개념은 아니지만 우리나라는 물 스트레스 국가일 뿐 아니라 물 부족 문제에 직면하고 있는 것도 사실이다. 그런데 우리는 왜 물 부족을 느끼지 못할까?

첫 번째 이유는 앞에서도 보았듯이 수자원은 부족하지만, 최대한 취수해서 사용하기 때문에 부족함을 느끼지 못하는 것이다. 다만 물을 많이 취수하다 보니 수질이나 수생태계에는 스트레스가 되고 있다.

두 번째는 가뭄이 들면 기본적으로 환경 유지용수부터 공급을 줄인다. 그리고 가뭄이 더 심해지면 농업용수, 생활용수와 공업용수 순서로 공급을 줄인다. 웬만한 가뭄에도 수돗물은 잘 나오기 때문에 도시에 사는 보통 사람들은 가뭄이 들어도 잘 느끼지 못하는 것이다.

세 번째는 많은 물을 수입하기 때문이다. 굳이 생수처럼 직접 물을 담아오지 않더라도 우리가 먹는 식량과 식품을 통해서 물

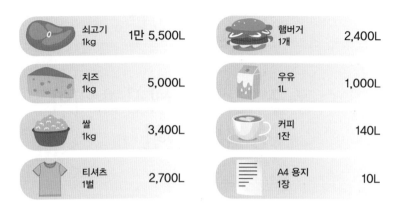

쇠고기 1kg	1만 5,500L		햄버거 1개	2,400L	
치즈 1kg	5,000L		우유 1L	1,000L	
쌀 1kg	3,400L		커피 1잔	140L	
티셔츠 1벌	2,700L		A4 용지 1장	10L	

일상생활에서의 가상수 소비량

을 수입한다. 물 발자국(water footprint)이란 개념이 있다. 물 발자국은 생활용수 사용량뿐만 아니라 일상생활에서 소비하는 농산물, 공산품 등의 생산에 들어가는 물까지 포함한 개념이다.

예를 들어 우유 1리터를 생산하는 데 물은 1,000L가 필요하고, 쇠고기 1kg을 생산하는 데 소요되는 물은 15,000L나 된다. 따라서 우리가 호주에게 쇠고기 1톤을 수입했다고 가정한다면 국내에서 그만큼의 쇠고기를 생산하는 데 소요되는 물을 절약했다는 사실과 그만큼의 물을 호주에서 수입했다는 사실이 공존한다.

가상수(virtual water)는 제품을 생산하고 유통하고 소비하는 과정에 소요되는 물을 말한다. 이러한 과정에서 많은 물이 투입되는데, 상품을 직접 생산하지 않고 외부에서 수입하면 그만큼의 물을 수입하는 효과가 생긴다는 것이다. 우리나라는 중국이나 스리랑카, 일본, 네덜란드 등에 이어 세계에서 손꼽히는 가상수 수입국이다.

03

용수공급 분야의 핵심과제와
정책의 전환

용수공급 분야 핵심과제

미국은 우수한 물관리 기술을 이용하여 수자원 공급을 공격적으로 재분배함으로써 세계의 주요 식량 수출국 지위를 유지할 뿐만 아니라 에너지 산출도 늘리고 산업생산을 가속화하며 서비스 분야와 도시경제의 건강한 성장 기반을 마련했다.

물의 생산성과 효율성이 증가한 이유는 1970년대 물 부족이 심화되는 환경에서 물의 경제적 이용에 대한 중요성을 인식하고 선제적으로 대응했기 때문이다. 미국은 20세기 초부터 인구의 증가, 도시지역의 확대 등으로 물의 신규 수요가 늘어나면서 과거의 물 배분제도에 대한 한계에 봉착했다.

이를 해결하기 위해 미국은 새로운 배분제도를 이행하기 시작했다. 효율적인 물 이용을 촉진시키기 위해 주로 큰 중심도시 또는 회사 등이 물시장의 판매자가 되고 교외도시가 물시장의 구매자가 되는 형태로 사회가 반응했다. 물 공급·운송·처리에 있어 규모의 경제를 보유한 중심도시가 교외도시와 협정을 체결함으로써 보다 낮은 가격, 높은 공급 신뢰성과 함께 지역의 물 공급계획을 세우는 체계이다.

이에 반해 우리나라는 국가 주도의 댐·저수지, 상수도 등의 시설 확충을 통해 안정적인 물 공급 기반을 마련했다. 그 결과 상수도 보급률 99% 등 물 공급 능력이 상당한 수준에 도달한 가운데 국민 대다수가 물 걱정을 하지 않고 양질의 수돗물을 이용할 수 있게 되었다.

최근 수립된 제1차 국가물관리기본계획(2021~2030)에 따르면 생활·공업·농업용수 수요는 '20년 248억 m³에서 '30년 244억 m³로 약 4억 m³가 감소하는 것으로 예측했다. 과거 최대 가뭄조건을 기준으로 약 2.6억 m³의 물 부족을 예측하였고 대부분의 부족량은 농업용수(2.5억 m³)에서 발생하는 것으로 전망했다. 이는 그 동안의 용수공급시설 확충에 따라 공급능력이 증대되어 도시지역의 생활·공업용수 공급에는 지장이 없을 것이라는 사실을 보여주고 있는 것이다.

그러나 평상시의 안정적인 여건과는 별개로 미량 유해물질, 적수 사태, 유충 등 먹는 물 관련 국민의 불안요인이 지속적으로 발생하고 있으며 수돗물에 대한 국민인식과 음용률도 여전히 낮은 편이다.

우리나라는 현재 저출산과 고령화, 인구정체 및 감소, 경제의 저성장 기조, 지역주민들의 의식 변화 등으로 인하여 과거의 시설투자 및 공급 위주였던 물공급 정책이 이제는 필요한 곳에, 필요한 수준으로 배분될 수 있도록 정책의 전환이 요구되는 시점에 와 있다.

제1차 국가물관리기본계획(2021~2030)에서도 물 이용의 개념을 인간이 자연과 함께 공존하면서 물을 확보(수자원)하고, 적재적소에 공급(수도 등)하여 사용(수요)하기까지의 모든 과정으로 정립하고 기후위기, 인구감소, 대규모 신규 수원확보의 한계 등을 감안하여 확보된 수자원을 최대한 아끼고 효과적으로 배분하는 것으로 물 이용 방향을 설정했다. 이제는 기존에 개발된 수자원의 효율적이고 합리적인 배분이 물 분야 핵심과제가 된 것이다.

다음 그림은 제5차 국토종합계획(2020~2040년)에서 제시한 향후 우리나라의 장래인구 전망이다. 2028년을 인구증가의 최정점으로 보았으나 현실에서는 2019년 말 5,185만 명을 정점으로 2020년 말부터 최근까지 5,171만 명으로 약 14만 명이 감소한 상황이다.

우리나라도 이제 출생률보다 사망률이 많은 인구감소 시대가

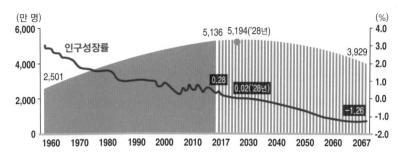

제5차 국토종합계획(2020~2040)에서 전망한 장래인구

시작되었다는 것을 나타내는 자료이다. 물론 현재의 코로나 상황과 사회·경제적으로 결혼과 출산이 어려운 시기라는 점을 감안할 수는 있겠으나 우리나라의 인구감소가 예측보다 7~8년 빨리

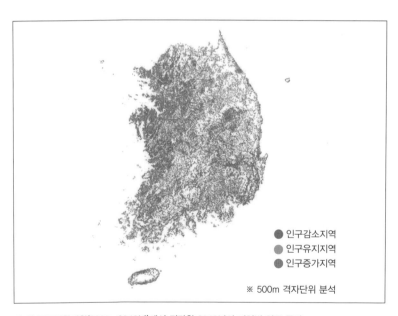

제5차 국토종합계획(2020~2040년)에서 전망한 2040년의 지역별 인구 증감

진행된 것도 사실이다.

앞의 그림은 제5차 국토종합계획(2020~2040년)에서 제시한 2040년 우리나라 인구증감 지역의 분포이다. 그림에서 청색은 20년 후에 현재보다 인구가 감소할 지역을, 녹색은 현재와 비슷한 수준으로 유지되는 지역을 그리고 주황색은 인구가 증가할 지역을 나타낸다. 저출산과 고령화로 인해 우리나라 인구감소 지역이 2040년에는 전 국토의 50% 이상이 될 것으로 전망되고 있다.

여기서 우리는 세 가지 사항을 더 자세히 살펴볼 필요가 있다. 첫 번째는 서울의 인구이다. 서울은 현재도 인구가 줄고 있지만 20년 뒤에도 계속 인구가 감소하는 지역으로 분석됐다.

두 번째는 지방의 인구이다. 청색으로 표시된 충청 남부지역 일부를 포함한 전라, 경상지역은 인구가 감소할 것으로 분석했다. 경기 동부 및 강원권은 현재와 비슷한 수준으로 인구가 유지되는 것으로 보인다.

마지막으로 주황색으로 표시된 수도권의 인구이다. 다른 지역과는 달리 인구가 증가되는 지역으로 표시되고 있다. 향후 미래로 갈수록 서울을 제외한 수도권의 인구는 더욱 증가하게 될 것으로 예상했다.

시대가 흐를수록 사람들이 상대적으로 지방보다 교육, 교통, 여가, 문화 등의 인프라가 잘 갖추어진 대도시로 몰려드는 것은 당연하다. 더욱 중요한 것은 일자리이다. 최근까지 대규모 일자리가 사라진 지역들은 점점 유령도시로 전락하고 있지만 수도권은 상대적으로 지방보다 더 나은 생활환경과 함께 대규모 산업단지가 집중되다 보니 일자리를 매개체로 향후에도 그 파급효과가 지속된다고 볼 수 있다.

이러한 현상은 선진국형 도시화 과정이며 과거로부터 선진국일수록 수도를 중심으로 그 면적이 점점 확대되며 거대한 도시가 출현한다. 서울 면적과 비교한 주요 국가들의 수도 면적은 미국의 경제수도인 뉴욕(2배), 영국의 런던(2.6배), 이탈리아의 로마(2배), 일본의 동경(3.6배) 등으로 현재 서울은 외연적으로 수도권으로 확대되는 과정이라 볼 수 있다.

이렇듯 지역별로 인구와 산업의 전망이 상이한 가운데 기후위기, 지방분권 등 여건의 변화에 따라 물 공급의 안정성과 비효율성을 실현하는 방법을 이제는 심각하게 고민할 필요가 있다. 우리나라의 물 공급은 지금까지 눈부시게 발전해 왔다. 이는 분명한 업적이나 이제는 빠르게 변화하는 여건에 발맞추어 기존의 관성을 타파하는 새로운 정책방향을 신중하게 고민하고 발 빠르게 대처해야 한다. 타성과 오랫동안 뿌리내려온 제도의 힘은 역사의 어느 시점에서건 혁신적인 변화를 가로막는 엄청난 방해물임을 우리는 명심할 필요가 있다.

국토공간 구조에 부합하는 용수공급체계

현재 우리나라는 국토공간 구조의 변화에 부합하는 용수공급 정책으로의 전환이 필수적이다. 지금까지는 하천수, 댐 용수와 광역상수도를 통한 용수공급으로 안정적인 물이용체계를 추진해 왔다.

저출산과 인구 고령화에 의한 인구급감으로 인해 지방의 중소도시는 빠른 속도로 축소되고 있다. 중소도시의 사회적·경제적 축소는 필연적으로 시설과 관망의 노후화, 생산원가 상승으로 인한 영업 수지의 악화, 그리고 지방재정 기반의 약화를 가져올 것이다. 용수 사용량이 줄어드는 상황 속에서 용수공급을 위한 기반시설이 노후화됨에 따라 유지관리를 위한 비용이 더 많이 필요할 것이다.

독일의 경우 통일 이후에 기존 동독 지역에서는 상수도 및 하수도시설의 과잉과 물 소비의 축소로 인하여 기반시설 운영의 문제가 대두됐다. 용수 사용량에 비해 과다한 시설은 서비스의 질과 물값의 불균형을 심화시켰다.

독일 전역의 균등한 물 공급 측면에서도 크나큰 도전에 직면했다. 아직도 명확한 해법을 제시하지는 못하고는 있으나 현재 진행되고 있는 논의 대부분은 분산적인 물 공급 및 체계적인 수처리 시스템, 공급과잉 문제의 해결에 관한 민간부문 역할, 물 서비스의 질과 물값 투명성 등의 개선에 관한 것이다.

미국 오하이오주에 위치한 영스타운의 경우 1980년과 비교해 2010년에는 인구가 약 40% 감소함에 따라 맑은 물 공급의 어려움에 직면했다. 연방 맑은물법(federal clean water act)의 수질기준에 맞는 물 공급을 위해서는 노후시설 정비로 약 1,700억 원(146백만 달러)을 투자해야 하는 것으로 나타났다.

연방보조금으로는 이 문제를 해결할 수가 없어 지방정부와 환경청(Environmental Protection Agency, EPA), 주택도시개발부(Department of Housing and Urban Development, HUD)가 머리를 맞대고 보조금 정책의 개선과 다양한 노후도시 관리 프로그램 등의 노력을 기울이고 있으나 여전히 어려움에 직면하고 있는 실정이다.

이러한 문제에 적극적으로 대처하기 위해서는 기존 광역상수도 중심의 중앙집중식 용수공급정책을 지역 가용 수자원 중심의 분산형 용수공급정책으로 보완하는 방법을 적극 검토할 필요가 있다.

실제 농촌지역을 대상으로 실증화 사업을 적극적으로 추진하여 지속 가능한 물공급정책이 이루어지도록 해야 한다. 또한 지방자치단체를 중심으로 통합·광역·위탁사업화를 시도하도록 국가가 정책 방향을 제시해야 한다. 지역공사, 지역공단, 민간 등 광역사업자 육성을 통한 물산업의 자율적 구조개편을 추진해야 한다. 인구·산업이 쇠퇴하는 지자체에 대해서는 스마트 용수공급 실증사업을 적극적으로 추진하고 대체수단을 확보하는 등 다양한 용수공급 체계의 구축이 필요하다.

상수도 보급률이 약 99%에 달하고 있지만 아직도 지방상수도, 마을상수도 등은 가뭄 등에 따른 단수 등의 어려움을 겪고 있다. 농어촌, 산간벽지 등 물 소외지역에 광역상수도를 직접 공급하거나 통합관리하는 방향으로 물 복지 혜택을 늘려가야 한다. 또한 도서 및 해안지역의 물 확보가 어려운 지역을 위해서는 지하 저류지, 해수담수화 등 수원 다변화를 통하여 안정적인 물공급을 추진해야 한다.

소규모 시설의 수질관리 어려움 등을 고려하여 전문기관의 운영관리 위탁을 통해 상수도의 안전성도 높여가야 할 것이다. 기존에 구축된 광역 및 지방상수도망의 상호 연결을 통하여 유역 간·지역 간 물 이동을 원활히 하여 극한 가뭄, 수질사고 등에 대비할 필요도 있다.

우리나라에서는 그동안 홍수관리와 안정적인 용수공급을 위하여 많은 투자가 이루어졌다. 용수공급을 위한 시설은 일정 수준에 도달해 있으나 중소도시를 비롯한 농어촌 지역은 향후 10년 이내에 고령화 및 인구감소로 인한 어려움에 처할 수 있는 현실이 우리 앞에 있다. 물 공급을 위한 기반시설을 어떻게 체계적으로 관리할 것인지에 대한 위기가 점점 다가오고 있다. 해외에서도 쇠퇴한 도시들은 이러한 문제에 직면하여 다양한 프로그램 등을 운영하고 있지만 아직 명확한 해결책을 찾지 못하고 있음을 주목해야 한다.

디지털 워터를 통한 물관리의 전환

　최근 우리나라의 제조업 비중은 OECD 주요 국가 가운데 최고 수준이어서 앞으로는 국내 산업에서 제조업 비중이 더 높아질 가능성은 그리 높지 않다. 대신 ICT, 지식, 서비스 등 4차 산업혁명과 연관된 산업의 지속적인 확장이 예상된다.

　이러한 사회 여건을 볼 때 물 공급이 도시로 더 집중되는 것은 당면한 현실에 가깝다. 반면에 국가 전체로 보면 인구의 감소와 물 소비가 큰 제조업의 축소로 공급의 크기는 감소하게 될 것이다.

　물 공급 측면에서 살펴보면 기존의 공급시설 용량은 여유가 있는 반면, 신규로 설치되는 공급시설의 투자비용은 증가되기 때문에 수요-공급 측면에서 최적의 의사결정을 통해 신규 투자와 유지관리의 효율성을 높여야 할 것이다.

　현재 직면한 물관리 문제를 해결하기 위한 현실적 방안으로 디지털 워터 기술이 조명받고 있다. 디지털 워터는 과거와 같이 인간이 물을 사용하기 위해 적절하게 저장하고 소비자의 요구에 맞는 다양한 물을 제조하여 공급하는 일련의 서비스 과정에 혁신과 창조적인 변화를 통해 효율성을 높이는 것이다.

　디지털 워터는 기존의 물 공급 서비스의 효율성 향상인 비용 절감, 환경파괴 감소, 품질 향상 등 효과 이외에 센서, 통신 기기, 정보처리 기술 등과 융합하여 새로운 물 산업 시장을 창조할 수 있으며, 더 나아가 '물'을 중심으로 사회를 혁신적으로 변화시킬 수도 있다.

국제물협회(International Water Association, IWA)는 노후화된 인프라 투자를 위한 적절한 예산 분배방안과 기후 변화로 발생할 수 있는 재해예방 및 효율적인 물 분배를 위한 목적으로 디지털 워터 기술의 도입 중요성을 언급하고 있다.

세계적으로 물 관련 산업을 주도하고 있는 기업 중 하나인 자일럼(Xylem) 사는 기후 변화 이외에도 인구 고령화, 도시화, 환경문제 등 사회적 현상의 변화와 해결방안을 설정하고 이를 위한 디지털 기술의 도입을 강조하고 있다.

제너럴 일렉트릭(GE) 사는 물 산업 종합 솔루션을 지향하며 설계·시공과 같은 하드웨어 분야의 플랜트 운영과 소프트웨어 분야의 플랫폼을 구축했다. 특히 솔루션의 신뢰성과 적용성 확대를 위해 건설업체들과의 협력 사업을 적극적으로 추진 중이다.

물 산업에 종사하는 다양한 전문가들로 구성된 비영리 단체인 SWAN(The Smart Water Networks Forum)는 디지털 워터의 핵심 기술적 솔루션으로 디지털 트윈(digital twin)을 통한 시설의 효율성 향상을 제안하고 있다.

디지털 트윈은 물리적 시설을 디지털화한 모델링 S/W의 집합체다. 디지털 트윈은 데이터와 애플리케이션(솔루션)의 통합, 현실 물리 시스템과 근접한 모델을 구축하여 실제 플랜트에서의 에너지 소비량 절감, 누수량 감소 및 수질 향상 등의 개선 효과가 있으며 시설의 자산관리 기능과 연계하여 투자비의 효율성을 향상시키는 최적의 방안으로 부각되고 있다.

용수공급 분야의 디지털화 방향

최근 드론과 같은 비행체에 다양한 센서를 부착하여 정보를 수집하고 그 데이터를 분석하여 시설물의 안전관리에 활용하는 방안이 전 세계적으로 활발하게 진행되고 있다.

이러한 기술들을 댐, 하천, 물 공급시설 등의 유지관리에 활용할 수 있다면 유지관리 업무에 있어 시간과 노동력의 획기적인 절감을 가능하게 할 것이며, 정확도도 향상시킬 수 있을 것이다. 특히 일부 시설물은 사람의 접근이 어려운 경우가 많은데 정확한 정보의 수집과 점검·진단에 디지털 기술은 큰 도움이 될 것이다.

싱가포르는 다양한 물 공급원 개발(하수재 이용, 해수담수화 등)뿐만 아니라 물 절약 및 물 공급 계통의 손실을 절감함으로써 물 수요에 대응한 관리체계를 구축하고 있다. 최근에는 스마트 센서를 이용하여 관로의 다양한 운영 데이터를 확보하여 누수 저감에 노력을 기울이고 있다.

특히 관로의 누수를 탐지하기 위한 센서를 통해 일정 지점의 압력, 유속, 음파를 실시간으로 측정한 데이터를 분석하고 누수 지점 및 관 파손 지점을 예측하는 기술을 통해 유수율 제고 및 사전 누수 예측을 통한 단수 사고를 예방하고 있다. 기존의 육안으로 점검하던 방식에 비해 인건비와 점검시간을 획기적으로 개선했다.

미국의 경우 상수도 관로의 교체를 위한 예산 수요는 매년 증가하고 있었으나 실제 배정되는 예산은 크게 부족하다. 한정된 예산의 효율적 운영을 위해 관로의 교체 비용에 대한 우선순위를 선정하고 최적의 의사 결정을 위한 프로그램이 절실히 요구되고 있었다.

자일럼 사에서 개발한 관로 수명 예측을 통한 투자우선순위 결정 프로그램은 이러한 문제를 적절하게 해결했다. 과거 다양한 관로 유지관리 정보(파손, 누수, 부식 등)를 빅데이터화하고 이를 AI 기법을 통해 분석하여 관의 파손 및 누수의 위험성을 확률적으로 계산하는 방식을 도입했다. 실제로 이 프로그램은 미국의 북동부지역(Mid-Atlantic) 중소도시에 적용됐으며 이를 통해 연간 관로 교체비용을 약 700억 원 절감할 수 있었다.

디지털 워터는 물 서비스를 중심으로 첨단의 디지털 기술들이 적용되어 기존의 물 공급 및 이용 서비스의 효율성, 혁신성, 창조성을 향상시키는 것을 목표로 한다. 인공지능과 같은 첨단 디지털 기술이 물관리시설 업무에 도입될 경우 자동운영으로 인해 운영자는 단순업무에서 해방될 수 있으며, 시설 운영의 핵심적인 의사결정에 시간을 투자할 수 있다.

물을 이용하는 소비자 측면에서도 맞춤형 수도 서비스를 공급받을 수 있게 된다. 급변하는 사회현황에 따라 물에 대한 수요도 시시각각 변화하며, 각종 산업활동으로 요구되는 용수의 품질도 과거와는 달리 아주 다양하다. 이러한 소비자의 욕구를 충족시키기 위해 주어진 환경에서 최고의 효율, 최적의 조건으로 용수를 공급하는 것이 디지털 워터가 지향하는 목표다. 더 나아가서는 첨단기술로 인간의 삶의 질을 향상시키기 위한 방향으로 발전돼야 한다.

최근 우리나라는 통합물관리 정책에 따라 수량과 수질을 통합하여 디지털 워터 기술을 적용할 수 있는 기반을 마련했다. 또한 전 세계적으로도 4차 산업혁명으로 인해 다양한 산업 및 경제 분야에서 첨단 디지털 기술의 개발이 진행되고 있어 물 산업 분야에서 디지털 기술의 적용이 활성화될 것으로 기대된다.

앞으로는 전통적인 물 산업 시장에서 나타나지 않았던 새로운 시스템이나 획기적인 제품들이 개발될 것이고, 물 서비스 시장에도 급속하게 적용 및 확산될 것이다. 뿐만 아니라 물 산업에 적용되어 발전하고 있는 기술들은 물관리 이외의 다양한 산업과 융합되어 새로운 시장개척 등 타 산업분야에까지 파급효과가 있을 것이다.

11장

하천공간의
장소성을 살리고
현명하게 활용하자!

01

하천의 적극적인 개방 관련 이슈

경직된 제도가 심심한 하천공간을 만든다

하천은 본래 개발여건이 다양한 지역을 관류한다. 그래서 하천은 다채로운 풍경을 배경으로 역사, 문화, 관광 등의 인문적인 요소들을 품고 있다. 지역주민의 생활과도 긴밀하게 상호작용하는 것이 하천이다. 그러나 우리나라의 하천은 도시하천인지, 자연하천인지의 차이만 있을 뿐 어딜 가나 느낌이 크게 다르지 않다.

도시하천이라고 해도 도로의 횡단보도를 건너 제방 비탈을

개인적으로 방콕의 수많은 관광자원 중에서 차오프라야강을 최고로 꼽고 싶다. 이 강은 낮과 밤에
전혀 다른 매력을 제공한다.

내려가면 풀을 깎아놓은 고수부지에 운동장, 체육시설, 그리고
조경시설이 설치되어 있고 한쪽에는 산책로와 자전거도로가 지
나가는 정도로, 우리가 상상하는 이미지에서 크게 벗어나지 않는
다. 지역 고유의 자연환경과 인문환경이 어우러지면서 자연스럽게
만들어져야 할 '장소성'을 찾기 힘들다. 그 이유가 무엇일까?

　　근대 이후 하천공간은 농촌지역에는 경작지로, 도시지역에는
하상도로나 주차장으로 활용할 뿐 수질이나 하천환경이 나빠서
그리 매력적인 공간이 아니었다. 1990년대 이후 도시지역 환경기
초시설이 제대로 갖추어지고 하천환경과 수생태 기능 향상을 위
해 콘크리트 구조물을 철거하는 등의 노력이 있었다.

2000년대 이후부터 하천구역 내 경작지 면적을 축소하고 불법 공작물을 철거하는 한편, 주민의 활용도가 높은 고수부지를 공원화하면서 하천공간이 제법 눈에 띄게 되었다. 지역별로 시기의 차이는 있지만, 산업화 이후 훼손된 하천공간이 쾌적하고 편리한 환경을 갖추게 되어 주민들이 제대로 즐길 수 있게 된 것은 사실 그리 오래되지 않았다.

다른 이유를 생각해보면, 하천관리청의 공급정책에 과도하게 의존한 측면도 있다. 하천공간이 인근 주민의 공유재이면서 도시의 활력 창출을 위한 소중한 자원이라는 점이 무색하게도 이를 관리하는 정부가 모든 것을 결정한 것이다. 하천기본계획을 수립할 때 공원화할 곳을 결정하고, 하천공사의 실시설계를 할 때 하천공간에 들어갈 시설을 구체적으로 결정한다. 지역·주민의 요구도 협의 단계를 통해 조정될 여지는 있으나 대부분 관리청의 계획과 설계에 의해 이루어진다고 볼 수 있다.

앞으로도 하천관리청이 하천공간 활용을 위한 최소한의 계획을 마련하고 최소한의 기반을 조성해야 하겠지만, 하천공간을 꾸미는 것은 실제 활용주체가 필요에 따라 결정해야 한다. 그러기 위해서는 해당 지역·주민에게 상당한 역할을 부여해야 한다.

지역·주민이 하천공간을 가꾸지 못하게 된 것은 구시대적인 하천규제(즉, 하천점용허가제도의 폐쇄성과 경직성)가 원인이라고 생각된다. 우리나라는 하천법이 처음 제정된 1960년대부터 공유재인 하천부지를 특정인이 배타적으로 점유하는 권리를 막기 위해

'기본적 불허, 예외적 허용'이라는 원칙을 견지하고 있다. 하천관리청이 모든 재량을 가지고 하천공간의 활용여부를 판단하자는 취지였다.

이 하천점용허가제도는 본래 공공 사업을 위해 교량, 관로, 전신주 등을 설치하거나, 국가식량증산 목표 달성을 위한 경작활동을 제외하고는 하천공간의 활용을 막기 위한 제도였다.

하천점용허가제도의 운영은 공물 사용의 특혜를 방지하고 하천 난개발의 가능성을 줄이며 하천관리청의 계획이나 시책을 실현하는 데 도움이 되었다. 문제는 하천공간의 자연적·인문적 특성을 따져볼 여지를 두지 않으며 국토 여건 변화나 시민들의 요구에 순응하지 않고 획일적인 규제를 적용하는 데 있다.

하천관리청 나름대로 법·제도적인 근거가 불명확한 가운데 특정 사안이나 특정 공간을 예외로 판단하여 개발을 허가하기에는 형평성 문제가 대두된다. 담당자 개인은 하천공간을 개방해도 된다는 생각이 들더라도 재량의 남용이 걱정되는 것이다. 결국 하천점용허가제도는 지역과 주민 주도로 다채롭고 매력적인 하천공간을 조성하는 데 있어서 큰 장애가 됐다.

같은 출발, 다른 접근의 한국과 일본

한국과 일본은 서로 유사한 하천법 체계로 시작했다. 특히,

한국의 1970년에 전면 개정된 하천법 당시의 조문을 살펴보면 1964년에 제정된 일본의 신 하천법과 유사점이 많다. 하천을 기본적으로 공물로 보면서 사권행사 금지의 전통을 계승하도록 모든 사람들이 자유롭게 이용할 수 있어야 함을 명시했다.

하천공간의 일부에 권리를 갖고 지속적으로 이용하려는 경우에는 '하천점용허가'라는 행정절차에 따라 권리 설정 여부를 결정하기로 했다. 한국과 일본에 모두 적용되는 하천공간 활용의 기본 원칙이다.

하천공간 활용의 정책 변화는 일본의 경우 1990년대 말부터, 한국의 경우에는 2007년에 하천법을 개정하고 각종 국책사업을 추진하면서 크게 변화됐는데 다음과 같은 차이점이 나타난다.

우선, 하천공간을 특화함에 있어서 한국은 하천관리청이 주도적인 역할을 지닌 반면, 일본은 도시와 지역의 활력을 창출하는 것이 궁극적인 목적이므로 지자체의 역할을 중요시하였다. 한국에서는 하천관리청이 하천기본계획, 실시설계, 하천공사를 통해 친수지구와 부대시설을 공급하는 방식이 주가 되었다. 대신 특별한 경우를 제외하고, 하천관리청은 지자체나 지역공동체의 적극적인 하천공간 활용을 허가하지 않았다(즉, 사전협의 단계에서 거부되는 경우가 많다).

이에 반해, 일본은 해당 지자체가 하천을 중심으로 수립한 도시계획에 맞춰 특화해야 할 곳에 대한 점용허가 규제를 조정하는

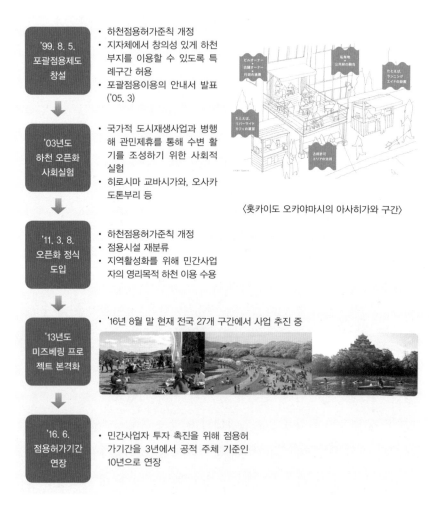

| '99. 8. 5.
포괄점용제도
창설 | • 하천점용허가준칙 개정
• 지자체에서 창의성 있게 하천 부지를 이용할 수 있도록 특례구간 허용
• 포괄점용이용의 안내서 발표 ('05. 3) |

〈홋카이도 오카야마시의 아사히가와 구간〉

| '03년도
하천 오픈화
사회실험 | • 국가적 도시재생사업과 병행해 관민제휴를 통해 수변 활기를 조성하기 위한 사회적 실험
• 히로시마 교바시가와, 오사카 도톤부리 등 |

| '11. 3. 8.
오픈화 정식
도입 | • 하천점용허가준칙 개정
• 점용시설 재분류
• 지역활성화를 위해 민간사업자의 영리목적 하천 이용 수용 |

| '13년도
미즈베링 프로
젝트 본격화 | • '16년 8월 말 현재 전국 27개 구간에서 사업 추진 중 |

| '16. 6.
점용허가기간
연장 | • 민간사업자 투자 촉진을 위해 점용허가기간을 3년에서 공적 주체 기준인 10년으로 연장 |

일본의 하천부지점용허가 특례제도의 변화

방식을 취했다. 도시재생사업계획(주로 '물의 도시 ○○○'라는 명칭의 도시계획을 의미)이 중앙정부로부터 승인됐을 경우 지자체는 하천 내 '이용구역'을 지정할 수 있다. 그리고 이 이용구역에 대해서는 하천관리청으로부터 점용허가 규제특례를 적용받고 지역 협의체 동의하에 다양한 사업자를 유치하고 다채로운 시설도 설치하도록 하였다.

최근에 하천공간 활용 요구에 대한 대응방식도 한국과 일본은 사뭇 다르다. 한국의 경우 하천공간 개방에 대한 지역의 요구가 상당하나 하천관리청은 하천의 보존과 난개발 방지의 원칙만을 내세우면서 갈등을 자주 겪고 있다.

일본의 경우에는 하천공간을 보수적으로 운영한 과거의 전통을 뒤로 하고 부작용 없이 하천공간을 개방하고자 '미즈베링 사업'이라는 사회실험도 전개하고 있다. 또한 사회실험의 결과를 모니터링하면서 점용허가제도를 느리지만 꾸준하게 개선해 가고 있다.

하천점용허가제도에 대한 하천관리청의 업무 처리방식도 크게 다르다. 한국의 경우 하천점용허가는 투명성, 형평성, 전문성 등의 측면에서 미흡하다. 국토교통부(2018)도 자체 연구를 통해 하천행정을 진단한 뒤 알게 된 사실이다. 법과 기준을 해석하고 적용함에 있어서 하천관리청 재량이 지배적이라는 것이다. 하천점용허가를 할 때에도 10여 년 전에 작성된 간단한 〈하천점용허가 세부기준〉만을 참고할 뿐이다.

일본의 경우에는 오래전부터 다양한 기술지침을 만들어 오면서 관리청의 재량을 점차 줄였다. 점용주체, 허가시설의 종류, 허가기준 등을 구체화하고 부작용을 사전에 방지하기 위한 기술

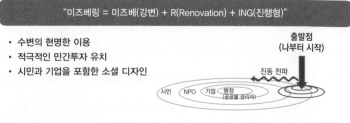

- 수변의 현명한 이용
- 적극적인 민간투자 유치
- 시민과 기업을 포함한 소셜 디자인

도시·지역 재생 등 이용구역의 개발에 있어서, ① 하천 이용의 전통 복원, ② 비즈니스 발굴을 통한 재원 확보, ③ 지역 부흥을 위한 소셜 디자인 등을 접목

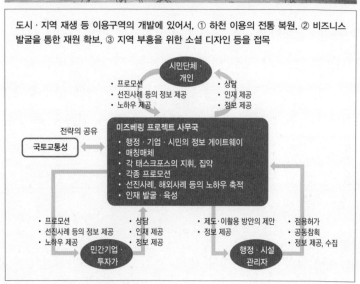

미즈베링 프로젝트 사무국의 미즈베링 사업 설명 자료

256

역량을 개발하는 데 역점을 두었다. 오랜 기간에 걸쳐 〈하천부지 점용허가준칙〉도 체계적으로 정립해 놓고 있다. 점용허가 여부를 전문적으로 판단하고 허가 이후에 시설을 철저히 관리하도록 〈공작물 설치 허가 기준〉, 〈허가 공작물에 관한 시설 유지관리 기술 지침〉, 〈소수력 발전 설치를 위한 안내서〉, 〈소수력 발전을 하천구역에 설치하는 경우의 가이드북〉 등을 만들었다. 심지어 국토교통성은 지자체가 미즈베링 사업을 더 잘 할 수 있도록 컨설팅 창구도 운영하고 우수사례집도 발간하는 노력을 취하고 있다.

하폭이 좁은 지천이라도 지역의 중요한 자원이다. 나름대로의 지역색을 입혀 소중하게 활용하자.

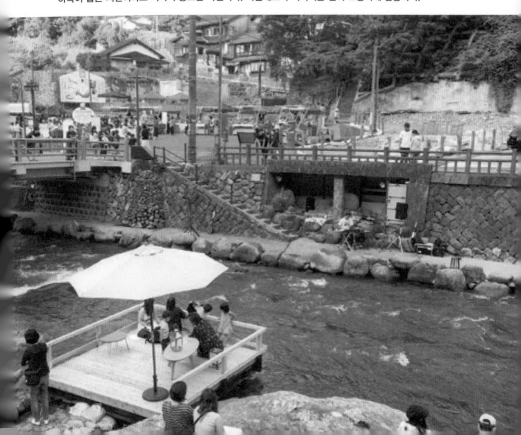

일본의 경우 미즈베링 사업에 참여한 협의체는 전혀 딱딱하지 않는 방식으로 자신의 지역사회를 위한 아이디어를 주고받는다.

이제는 하천에 지역색을 입히자. 건전하게 개방하자. 그러기 위해 하천관리청이 시민들의 도시생활과 지역발전을 위해 무슨 역할을 해야 하는지 다시 생각해보자. 일본의 사례와 비교해보니 우리는 별로 노력도 하지 않고 줄곧 하천의 개방에 반대만 외쳐 온 것이다. 우리는 소중한 국토 자원을 제대로 활용하지 못하고 있다!

마지막으로 점용료 부과·징수를 통한 공익적인 수익의 활용 방식도 한국과 일본은 상이하다. 한국의 경우 지역형평성 문제가 발생하지 않도록 국가에서 매우 저렴한 요금 산정 기준을 설정하고, 그 이내에서 지자체가 점용료를 부과·징수한다. 그러니 한강 시민공원 편의점과 같이 민간에게 점용허가를 하면 특혜시비가 대두되는 것이다. 점용료를 감면하고 면제하도록 정해놓은 사유도 다양해 하천의 유지관리 재원으로 크게 도움도 되지 않는다.

일본은 주변지역의 유사목적 토지이용에 준하여 점용료를 부과함으로써 특혜시비의 논란거리도 별로 없다. 하천점용으로 얻게 되는 민간의 과도한 수입에 대해서도 유지관리 책무 부여, 지역 협찬금 납부 등을 통해 이익을 환수할 장치도 두고 있다.

일본의 하천공간 개방실험을 보면서

민간사업자의 순기능과 국가의 역할에 대해 많은 시사점을 얻을 수 있다. 우리나라에는 하천관리청이나 정부에서 직접 시행하는 공공 사업에 대해서만 하천공간 활용의 공공성을 인정해 왔다.

그러나 1990년대 이후 사회실험을 통해 이루어진 일본의 정책을 가만히 생각해보니 지역주민이 선호하는 방식으로 하천을 개방한다는 원칙만 보장이 된다면 하천공간의 용도를 확대할 수 있으며, 사업자 자격의 범위도 더욱 넓게 허용할 수 있음을 알 수 있다.

당초 우려와는 달리 일본은 점용료로 발생하는 민간의 수익조차 지역주민들이 정하는 규칙에 따라 환경정비, 조경 개선, 안내판 설치, 행사개최 등을 통해 지역으로 환원할 수 있었으며, 이를 통해 하천은 지역의 활력 창출을 위한 핵심 국토·지역자원으로 활용될 수 있음을 알게 되었다. 국가의 역할은 하천점용허가제도를 지속적으로 개선해 가면서 장소의 특수성과 지역의 수요에 따라 규제의 수준을 체계적으로 조절하고 과도한 사익이 발생하지 않도록 제도적 장치를 마련하는 것이다.

일본정부의 정책적인 노력의 결과가 궁금해서 일본 출장이 있을 때면 매번 현장을 둘러보고 담당자의 의견도 청취했다. 히로시마의 모토강과 교바시강을 2017년도에 방문했을 때는 실제 하천

대도시도 대도시 스타일의 하천을 필요로 한다.

의 풍경이 역동적으로 변화하고 있음을 발견하고 〈월간국토〉(이상은, 2017)에 느낀 점을 자세히 공유한 적이 있다. 다음은 당시 글을 요약한 내용이다.

일본의 히로시마 교바시강 이용구역에서 개점한 7개의 문화시설은 시민의 휴식과 교류의 장소가 됐으며, 원폭피해 건축물과 조화를 이루어 평화의 상징을 체감할 수 있도록 변화했다.

매년 봄과 가을에 평화의 공원 맞은편 하천공간에서는 강변 콘서트를 연 15회가량 개최하고 있으며, 매년 7월에는 지역 반상회와 함께 교바시강

히로시마 모토강과 오토야스강이 합류하는 곳에 위치한 히로시마 평화 기념 공원. 멀리 전쟁의 끔직함을 환기시키는 원폭돔도 위치하고 있다.

히로시마 수변개발구역 전경. 안전이 보장되는 둔치와 제방 둑마루를 활용하여 독립점포를 설치·허가함으로써 도시 활력 거점을 만들었다.

오픈카페 부근에서 콘서트, 크루즈 체험, 공놀이 등을 포함한 음악의 밤 행사를 실시하고 있다.

또 매년 11월에는 지역 반상회와 합동으로 교바시강의 오픈카페 인근에서 콘서트, 크루즈 체험, 음식 나누기 등 수변 크리스마스 재즈 행사를 실시하고 있다. 이외에도 오픈카페 주변에 일루미네이션, 야외조명, 화단, 꽃바구니 등을 자체적으로 설치하고 있다.

사회실험 초기인 2005년까지만 해도 교바시강의 하천 이용객은 약 5만 명에 불과했지만, 오픈카페를 점진적으로 확충하고 녹지, 산책로 등을 정비하며 적극적으로 이벤트를 개최한 결과 2015년에는 이용객이 약 17만 명으로 증가했다. 이는 10년간 3배 이상 늘어난 수치이다. 오로지 하천공간 운영방식의 변화에 의한 결과다.

02

하천공간의
융 · 복합적인 기능 발굴

체계적인 하천공간 모니터링

하천점용허가 이후 계속적인 허가갱신과 권리의 승계는 반영구적인 하천공간의 점유와 사유화로 이어질 수 있다. 향후에는 하천종합영향평가를 시행하여 주기적으로 하천점용허가에 대한 공익성, 환경성, 이·치수 영향, 민원·사고, 관련 계획과의 적합성 등을 확인할 필요가 있다.

이는 사유화된 권리를 취소할 수 있는 행정적인 근거가 될 것이다. 공물의 성격을 가지고 있는 하천공간의 특수성에 맞게 하천점용허가제도를 바람직하게 운영한다면 하천공간이 공공의 이익을 위해 폭넓게 활용될 여지는 충분할 것이다.

한편, 하천 모니터링이 부족해 하천관리청에서 실제 방문객

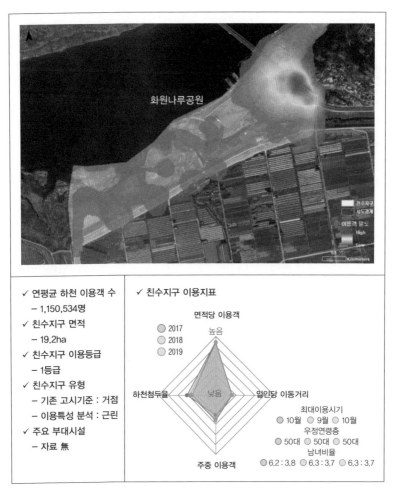

통신 빅데이터를 통한 하천공간 이용 모니터링 예시

의 특성과 공간활용 방식의 파악이 어려운 실정이다. 이를 해결하기 위해 매년 정기적으로 하천공간에 대한 이용도 모니터링을 위한 안정적인 근거(하천조사의 일환으로 반영)와 기술기반(RIMGIS의 기능 개설)을 마련할 필요가 있다.

모니터링을 통한 안정적이고 현행화된 자료원의 확보는 계획수립, 유지·보수, 하천점용허가 등 하천관리 업무 전반에 걸쳐 의사결정의 품질을 제고할 수 있을 뿐만 아니라 하천공간의 효율적이고 주민친화적인 관리를 정착하는 데 크게 기여할 것이다.

주민친화적인 하천관리를 위해서는 하천공간을 이용하는 사람들의 요구를 적극적으로 반영해야 한다. 최근 개인정보의 선택적인 규제완화 정책에 따라 실제 이용객 대상의 원격 설문조사도 기술적으로 가능해지고 있다.

본래 하천의 친수조사는 이용도, 만족도, 고충사항, 시설관리 실태 등을 포괄해야 하나 현재는 이용도 조사에 국한되어 있다. 향후 연구개발사업을 통해 정보관리 서버에서 특정 하천을 최근에 이용한 사람을 대상으로 모집단을 확보 후 설문조사 표본을 구성하고 개인 스마트폰으로의 자료 송·수신 방법을 개발할 필요가 있다.

최근 이용경험을 토대로 하천공간의 방문수단, 방문목적, 만족도 여부, 요구사항, 신고사항 등을 파악하도록 정보관리 서버에서 조사결과의 집계, 통계자료의 생산 등을 수행하고 하천관리청에서 연간 또는 월간 보고서를 자동으로 제공하는 방법을 검토할 수 있다. 이는 정부에서 강조하는 첨단 정보통신기술을 활용한 대국민 맞춤형 행정서비스의 공급 취지에도 부합된다고 볼 수 있다.

하천을 입체적으로 활용하자

최근 워터프런트(water front) 조성 등 수변잠재력을 최대한 활용하여 쇠퇴한 도시를 살리고, 하천과 수변자산의 가치를 제고하는 친환경적인 도시 조성의 필요성이 높아지고 있다.

친수공간으로서의 매력이 점차 높아지고 있는 하천과 주변의 낙후된 도시와 연계한 통합적인 재생사업이 각광받는다. 하천을 낙후된 도시의 재생과 연계하여 체계적·계획적으로 개발할 수 있다면 하천은 도시성장의 거점 역할을 할 수 있다. 하천-도시 연계 축에 주거·산업·문화·관광레저 등의 기능을 갖추기 위한 하천사업의 다변화·활성화는 이미 시작됐다.

도시 저성장과 기후 변화가 전 세계적인 이슈로 부각되면서 우리나라도 도시의 확장에서 도시의 재생으로 도시개발의 패러다임이 변화하고 있다. 이제까지 하천은 공공재로서 이·치수 기능과 생태·환경 기능의 확보를 위해 존재했다. 그러나 최근의 하천은 도시를 구성하는 주요한 공간자산으로 인식되는 관점이 대두되고 있다. 특히, 하천의 기능을 유지하면서도 일상생활이나 도시의 기능을 추가적으로 확장한 생활공간으로 활용하는 사례가 증가하고 있다.

타 SOC 시설의 경우 단순한 기능 위주의 토목시설이 아니라 다양한 활동이 일어나는 일상적인 장소로 인식되고 있다. 일례로 프랑스 리옹시는 공공 건축물의 지하공간을 활용, 아름답고 쾌적한 지하주차장을 조성하여 리옹 도심의 주차난을 해소하는 한편 시민을 위한 다양한 활동의 장을 마련했다. 일본의 구마모토시에서는 1936년에 건설된 마미하라교를 개조하여 지역주민의 휴식공간을 제공하였다.

평소 잠실야구장에 가면 항상 한강과 탄천 합류부에 조성된 대규모 하상주차장을 이용한다. 그러나 이러한 한강·탄천 일대는 코엑스, 현대 GBC, 잠실운동장 등 다양한 지역자원으로 문화 인프라의 잠재력이 매우 우수한 곳이나 지역 문화자원 중심에 위치한 탄천의 대규모 주차장은 환경훼손 등으로 하천 기능 유지와 지속 가능한 발전의 저해요소로 작용할 수밖에 없다.

다행히 서울시에서는 이를 해결하기 위한 노력을 진행 중인데, 자연과 문화로 소통하는 한강·탄천 수변공원 조성사업을 계획하고 국제 설계공모를 통해 탄천의 브라운필드와 단절된 국제교류복합지구를 이어주는 '탄천보행교 신설사업'을 실시하고 있다. 이는 자연성 회복, 수변 여가문화의 활성화, 도심공간 소통 강화 등의 첫걸음이 될 것으로 기대된다.

서울의 중랑천에서는 동부간선도로 지하화 사업이 추진 중

한강 · 탄천 수변공간 조성사업 설계공모 당선작(작품명 : 〈The Weave〉)

에 있다. 동부간선도로는 이용차량의 평균 시속이 24km/hr 이하로 정체가 극심한 도로이다. 이곳에 대심도터널이 건설되면 월계에서 강남까지 50여 분이 소요되던 것이 10분대로 단축되고 상계 CBD와 강남 MICE를 연결하는 새로운 교통축이 형성되며, 강남과 강북의 균형발전에 큰 진전이 있을 것으로 기대된다.

또한, 지하화 사업을 통해 지상의 도로를 걷어낸 하천공간은 여의도 공원의 10배에 달하는 친환경 수변공간으로 조성되어 시민의 여가, 생태, 문화 공간 등으로 활용될 것이다.

이제는 기존의 평면적인 하천정비에 대응하여 복합적이고 입체적인 하천의 활용을 본격적으로 추진해야 할 시기다. 도시민의 생활을 질적으로 향상시키고, 가용토지의 한계와 점점 커지는 환경문제를 극복해야 한다는 점을 유념하자.

서울, 부산, 대전 등 대도시를 관류하는 한강, 낙동강, 금강 등은 국가 차원의 하천종합개발에 따라 현재의 도시공간 구조를 완성시켰다. 그러나 이러한 구간에서의 기후 변화, 도시화 등으로

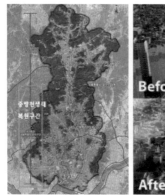

중랑천 동부간선도로 지하화 사업 개념도

인한 홍수 방어대책은 용지문제, 환경문제, 예산문제, 지역갈등 등으로 인한 제약사항으로 사업 추진이 거의 불가능한 실정이다.

이제까지 하천을 복합적·입체적으로 활용하지 못한 이유는 하천을 기능적 시설로만 인식하기 때문에 발생한 한계이다. 하천 공간(제방, 둔치, 저류지 등)의 입체적인 활용을 통해 하천의 전통적 기능(치수, 환경 등)에 도시경제 활성화를 위한 새로운 가치를 부여한다면 하천과 도시 기능의 융합, 하천의 자연성 회복 등 우리의 하천은 기존 도시의 매력적인 자연·문화·경제 공간으로 탈바꿈될 것이다.

제방 안의 도로, 하천 둔치 지하의 주차장, 저류지 상부의 주민편의시설, 보행교와 가든브릿지를 통한 도시 연계 등 이제껏 해보지 못했던 입체하천 사업을 이제는 국가가 시범적으로 추진할 필요가 있다. 홍수안전, 수질·생태, 문화·경관, 하천-도시 연계 등을 결합한 다양한 디자인을 도입하여 도시의 하천이 안전, 환경, 문화 등을 책임지고 우리의 생활공간으로 자리하는 명품하천으로 다시 태어나기를 기대한다.

안양시 수암천 하천공모사업 당선작(사업 전후)

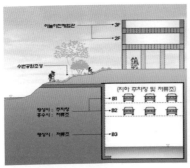

안양시 수암천 저류지의 다목적 활용방안

12장

물관리시설 투자의
새로운 전략을
마련하자!

01

물관리시설
유지관리의 현주소

유지관리 논의의 확대

홍수로 하천 주변지역이 피해를 겪게 되면 부실한 제방이나 조작이 안 된 통문을 탓하는 경우가 많다. 하천둔치에 조성한 수변공원도 제대로 관리되지 않아 주민들이 불편을 호소하고 안전사고도 종종 발생하고 있다. 유역상류의 농업용 저수지는 너무 노후화되어 마치 하류지역이 물폭탄의 위험을 머리에 짊어지고 있는 것처럼 언론에 보도되곤 한다. 도시 수도 관로의 노후화는 용수 손실에 따른 시민과 지자체 경영의 부담에 그치지 않고

물관리시설은 구조적 안정성이 낮으면 생활안전을 크게 위협할 수 있다.

수질사고, 싱크홀 발생 등으로 점차 사회에 미치는 영향이 확대되는 듯하다.

물관리시설 유지관리에 대한 관심과 투자 부족은 어제오늘 일이 아니다. 정부의 예산배정이 소홀해 연구비 확보도 쉽지 않았던 주제다. 그 결과 이제는 물관리 문제가 나올 때마다 '관리부실'이나 '노후화'는 연관 키워드가 되어 버렸다. 드디어 터질 게 터졌다고 탄식하는 형국이다.

물관리시설의 유지관리가 제대로 이루어지지 못하는 구조적 문제와 해법은 무엇일까? 본 장에서는 초기 공사의 부담으로 유지관리 투자를 등한시했던 하천을 중심으로 이 주제를 살펴보았다. 사실 댐, 저수지, 상·하수도 등 다른 물관리시설에서 전개되고 있는 논의를 살펴봐도 하천과 상황은 크게 다르지 않은 것 같다.

중대형 물관리시설에 대한 유지관리 용어 정의

유지관리 용어	정의	근거
하천 유지·보수	▪ 하천의 기능이 정상적으로 유지될 수 있도록 실시하는 점검·정비 등의 활동	하천법
댐관리	▪ 댐건설관리법의 적용을 받는 댐을 총체적으로 유지관리하는 모든 활동	댐건설관리법
농업기반시설 유지관리	▪ 시설의 기능 유지·보전에 필요한 활동 – 완공된 시설의 기능을 보전하고, 시설이용자 편의와 안전을 도모하기 위해 일상적으로 점검·정비하고 손상된 부분을 원상복구하는 것을 포함	농업생산기반시설 관리규정

　일반적으로 시설물 유지관리는 시설물 설치 이후 최종 해체에 도달하는 전체 수명연한까지 시설물의 기능을 정상상태로 관리하는 업무를 통칭한다. 일상적인 관리업무에서 정기적인 점검·진단 및 성능평가와 그 결과에 따른 보수·보강 공사를 포함하며 계획수립, 예산운영, 인력편성, 물품조달, 자료관리, 기타 행정업무 등의 일도 필요하다.

　최근의 시설물 유지관리에는 '성능관리'를 강조하는데, 성능(performance)을 정상상태로 유지한다는 것은 시설물의 물리적인 열화(deterioration)로 측정되는 기능(function)과는 다른 개념이다. 시설물 이용자 측면에서 포괄적인 효용가치를 의미하며 사회여건의 변화나 기술발전에 더 많이 좌우되는 개념이다. 이러한 맥락에서 시설물 유지관리는 다음과 같이 많은 목적을 달성하도록 그 개념이 점차 확대되고 있다.

- 시설물의 손상이나 노후화에 대응한 안전성 확보
- 평상시 또는 주기적으로 적절한 관리를 함으로써 시설물의 수명을 유지하거나 연장하고 급격한 비용 증가를 억제
- 재해 등 특별한 상황이 발생하더라도 그 기능이 제대로 발휘되도록 미리 준비
- 시민안전을 위해 규정된 각종 법적 의무 준수
- 평소에 사용자에게 편리성, 쾌적성, 안전성 등을 제공
- 공공 시설이 주변환경과 조화되도록 미관 유지

⋮

하천의 경우 2007년에 하천법 전문 개정 시 '유지·보수'라는 용어를 법률에 처음으로 정의했고, '하천공사'와 '유지·보수' 용어의 구분에 주의를 기울였다. 하천공사인지, 아니면 유지관리인지의 판단이 모호할 경우 해당 업무가 하천 본래의 기능을 높이기 위함인지, 아니면 하천공사로 확보된 기능을 유지하기 위함인지를 따져 보게 했다.

하천법에는 유지관리 업무를 단순히 '점검·정비 등의 활동'으로 축약하며 시행령이나 시행규칙에도 특별한 규정이 없어 과연 무슨 일을 해야 할지 파악하기 어렵다. 과거에는 유지관리를 현장의 실무로 간주했기 때문에 관련된 하천법령이 아닌 시설물안전법과 국토교통부 훈령(하천의 유지·보수 및 안전점검에 관한 규칙)에 기초하여 운영되고 있다. 이 훈령을 보면 유지관리는 계획수립, 순찰·일상관리, 안전관리, 정기·긴급 보수, 인력운용, 정비점검·평

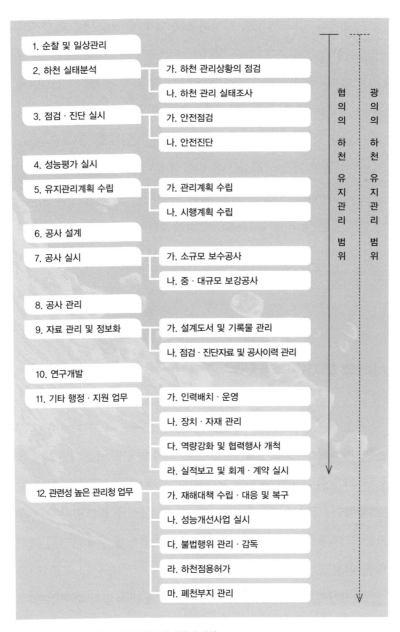

현장에서 통용되는 하천 유지관리 업무의 내용적 범위

가, 자료관리 등의 업무로 구성되는데 업무 수행방식에 대한 구체적인 사항을 정하고 있지는 않다.

아울러, 하천법에서 하천점용허가, 관리상황 점검, 하천수입금 관리, 불법행위 감독·조치, 수방대책 등의 업무를 별도로 정하고 있다. 이 업무들도 하천시설이 아닌 전체 하천(=하천시설+하천공간)의 경영 차원에서 볼 때 광의의 유지관리 범위에 포함된다고도 볼 수 있을 것이다. 최근 하천 유지관리 관련 정부의 시책이나 계획에는 광의의 유지관리 개념을 채택하는 것을 자주 볼 수 있는데, 유지관리 개념이 확대되는 현재의 추이를 반영한 것으로 추측된다.

시대별 유지관리에 대한 요구

우리나라는 1961년 하천법을 출범할 때부터 지자체가 유지관리 비용을 부담하게 하고 업무도 지자체에게 떠맡기는 방식을 취했다. 당시로서는 하천이 개수되지 않아 유지관리할 시설도 별로 없었다. 그리고 하천점용료, 하천수사용료 등으로 발생하는 수입금을 지자체가 유지관리 재원을 충당하는 데 사용하도록 했기 때문이다.

그러다가 1990년대 중반 사회안전에 대한 국민적 요구로 '시설물의 안전 및 유지관리에 관한 특별법'(이하 '시설물안전법')을 제정하면서 하천시설에 대한 안전관리 업무도 점차 정형화됐다. 1990년대 후반에서 2000년대 초반에 계속된 홍수 발생으로 낙동강 유역의 많은 제방이 유실됐는데, 하천 유지관리의 중요성을 환기하게 된 중요한 계기였다. 당시의 국회 국정감사 결과나 국무총리실 합동대책을 보면 건설교통부(현 국토교통부)는 하천 유지관리의 부실에 대해 지적받았음을 알 수 있다.

당시 건설교통부는 시설물안전법을 중심으로 국민안전에 직결되는 핵심적인 하천시설을 선정하여 안전관리 방식을 정함으로써 사회요구에 대처했다. 하천법령에서도 하천관리상황 점검, 수해방지 목적의 점용물 조치 간소화 등을 도입했고, 제방·수목 관리방안도 마련했다.

2007년 하천법을 전면개정할 때 '유지·보수'라는 용어를 활용하여 현재 통용되는 유지관리의 법적 개념을 정했다. 당시 개정된 하천법은 하천관리에 이·치수 외에도 하천환경에 대한 사항도 반영했는데, 이로써 유지관리해야 할 대상과 관리청 책무도 크게 증가한 것이다. 2007년에는 시설물안전법도 개정됐는데, 타 기반시설과 함께 하천시설의 점검·진단도 안전등급에 따라 실시주기를 차등화했으며, 하천시설의 1종 시설물과 2종 시설물의 구분체계도 현재와 같이 정비했다.

4대강 사업을 마무리하던 2012~2016년까지의 기간에는 국가하천을 중심으로 유지관리체계가 확립됐다. 섬진강을 포함한 5대강에 대해 국가가 철저하게 유지관리하도록 위임권한 조정, 지방

- 지자체가 관리하던 국가하천을 이제 국토해양부가 직접 관리
  - 국토해양부는 제방, 저수로 등 국가하천 내 주요 시설물은 국가가 직접 관리하고,
  - 공원, 체육시설 등 지역주민을 위한 시설물은 지자체가 관리하도록 하천법을 개정
- 하천보수원은 현장에서 순찰, 일상점검, 보수 등 상시업무를 수행
  - 하천보수원 130명을 채용하여 주요 국가하천 1,284km에 배치하고 제방, 호안 등 주요 시설물 유지관리를 담당할 계획

2012년 4월에 국토해양부(현 국토교통부)는 "국가하천관리, 이제 우리에게 맡겨주세요! – 국토해양부, 국가하천 보수원 130명 채용"이라는 보도자료를 발표했다. 위 그림은 당시 주요 내용을 발췌한 것이다.

국토관리청과 국토관리사무소 기능 재편, 현장 일상관리 인력 편성, 한국수자원공사 대행사업 실시, 국가하천 유지·보수 재정사업 착수 등을 통해 외형을 갖추었다. 그리고 타 기반시설 수준으로 유지관리할 수 있도록 몇 가지 행정규칙을 마련했다.

특히, 국가재정사업인 국가하천 유지·보수사업에는 이·치수기능 외에도 하천의 친수기능도 관리하도록 예산을 편성했었다. 핵심 치수시설의 안전관리 외에도 하천공간 관리 차원에서 친수시설 수리·수선, 공원예초, 수목관리, 환경관리 등도 수행하게 된 것이다(국토교통부, 2016).

2017년 이후에도 기반시설관리법 제정을 대비하고자 하천에

도 성과 중심의 전략적 유지관리를 도입하려고 각종 대책을 마련해 오고 있다. 도로, 철도 등의 정책동향을 참고로 조사, 계획, 점검·진단, 성능평가, 보수·보강, 재정투자 등의 시행방안을 점검하는 한편, 스마트한 현장 운영을 위해 위성관측, 드론, 통신 빅데이터, 스마트 CCTV 설비 등 첨단기술 활용성도 검토해 왔다.

그동안의 유지관리 투자 효과

4대강 사업 이후 집중된 노력으로 무엇이 달라졌는가? 제대로 된 성과는 결과로 말해야 한다. 국민 세금이 투입됐으니 국민들이 체감할 수도 있어야 한다. 과연 홍수 시에 하천이 제 기능을 발휘할 수 있게 되어 이제는 주민들이 수해로부터 안전해졌는가? 쾌적한 수변공간과 친수시설을 관리함으로써 지역·주민들의 복지가 크게 향상됐는가?

첫 번째 질문과 관련해서 2020년에 수해를 겪은 섬진강의 제방을 살펴보자. 시설물안전법에 따라 국가하천인 섬진강의 제방은 2종 시설물로 분류되어 관리주체인 남원국토관리사무소는 매년 정기적으로 전문인력을 편성하여 관리하고 있다. 안전등급에 맞게 주기적으로 전문기관에 의뢰하여 정밀안전점검과 성능평가를 통해 제방의 종합적 상태에 대해 기술검토를 실시하고 있다.

2020년 홍수를 겪기 직전까지 섬진강의 제방은 대체로 괜찮

2020년 8월 섬진제가 붕괴된 며칠 뒤 진행된 긴급복구 현장

은 상태로 알려져 있다. 섬진제의 예를 들어, 2020년 6월의 정기 점검이나 2019년 하반기에 실시된 정밀안전점검결과를 보면 구조 안전과 무관한 외관의 경미한 결함만 확인되었을 뿐 구조적인 문제가 없어 '양호'한 수준으로 확인됐다. 2020년 1월에 최초로 실시된 성능평가 결과를 보더라도 둑마루 폭이 다소 부족한 점을 확인했지만, 그래도 구조적 안정성이 만점을 받아 A등급으로 분류된 상태였다.

이러한 안전관리 결과를 그대로 믿을 수 있을까? 현재의 안전 관리는 시설물안전법을 준수하기 위해 시행할 뿐이다. 예산과 전문인력이 부족해 하천 유지관리의 핵심이 되어야 할 제체 내부상태는 파악할 수도 없다. 내부상태를 모르니 오랜 기간 제방의 보수·보강 공사를 발주할 수도 없고 결국 제방의 외관만 관리하게

영산강에 설치된 순창군 소재 오교친수지구 전경. 2018년 5월경 하천이용도 조사연구를 수행하던 중 스마트폰 신호로 집계되는 해당 지구의 이용객 수가 너무 저조해 방문해 보았는데, 수변공간의 보행로 일부구간은 잡초로 덮여 있고 동물의 사체와 배설물이 많아 불안했던 기억이 있다. 당시 지자체에서 관리도 하지 않는 친수지구에 정부예산을 배정했던 것이다.

된다는 것이다! 과연 이곳만의 문제일까?

지자체가 담당하는 지방하천의 경우 제방의 안전관리는 아직 시설물안전법상으로도 의무사항이 아니다. 부르고 싶어도 이름이 없어 부를 수 없는 제방도 있다.

두 번째 질문과 관련해서 수변공간 유지관리 문제를 살펴보자. 2007년 하천법 개정 이후 수변공간은 친수지구라는 공간계획을 지정하면서 조성된다.

4대강 사업을 할 때 357개의 친수지구를 조성했지만 현재는 이 중 297개밖에 남아 있지 않고 그 면적은 1/3에 불과하다. 이용객 부족을 겪으면서 지역·주민의 복지에 기여하는 수준에 비해 국가재정 지출이 과도하게 크다는 것을 뒤늦게 알게 된 것이다.

더 큰 문제는 지난날의 과속행정으로 시행착오를 겪었으나 학습이 이뤄지지 않는다는 점이다. 오히려 이제는 지역개발의 논리로 인해 새로운 친수지구가 계속해서 확대되고 있다(아직 친수지구 수요추정은 법적으로 의무화되어 있지 않으며 그 방법도 정해지지 않은 상황이다).

수변공원의 사후 의사결정에도 문제가 많다. 아마도 수변공원의 특성을 감안하면 주민들의 이용도와 만족도로 결정되는 편익과 유지관리 및 수해 영향에 따른 비용이 의사결정의 핵심적인 근거자료가 되어야 한다. 그리고 국가재정의 제약 속에서 주민의 복지를 위해 계속해서 유지관리할지, 성능개선을 할지, 아니면 차라리 재자연화를 할지 신중히 결정해야 한다.

그러나 현재 수변공원의 주민 만족도는 전혀 파악되지 않고 있으며, 이용도 조사도 국회 요구에 따라 간헐적으로 이뤄질 뿐 안정적으로 집계되지 않고 있다. 계속해서 수해와 복구를 반복하는 수변공원도 존재하고 있다. 종합적인 성과 모니터링을 토대로 과학적인 의사결정도 이루어지지 않고 있다. 2017년에 수변공간 면적을 2/3 줄일 때에도 어떤 철학과 과학이 활용됐다는 이야기를 듣지 못했다.

일반적인 기반시설과 물관리시설의 차이

유지관리 부실의 문제는 타 기반시설과 다른 물관리시설의 특징이라고 봐야 할지도 모르겠다. 교량, 도로, 철도 등의 분야는 건설공사에서 유지관리로 핵심기술과 산업을 크게 변화시키고 있다. 기후 변화에 대처하기 위해 더 확실한 구조·안전이 요구되는 물관리시설의 유지관리는 왜 크게 발전하지 못할까? 이 분야는 스마트 유지관리 기술을 도입하는 데 왜 인색할까?

하천의 예를 들어 생각해보면 관리 연장이 방대하고 시설 수량이 워낙 많으며 자연적으로 형성된 강둑에서 외부를 덧씌운 방법으로 축조되어 있어 설계자료도 부실하다.

설계빈도를 넘어서는 홍수가 실제 발생하는지에 따라 몇십 년 동안 제방의 필요성을 한 번도 체감하지 못할 수도 있을 것이다. 그러니 전체 국가재정 운영을 하는 입장에서는 제방의 안전관리에 필요한 막대한 예산과 인력을 소비하기보다 당장 눈에 띄는 다른 사회공익적인 곳에 할당하는 게 더 유리할 수도 있을 것이다. 어

○ 일반적인 기반시설
- 관리해야 할 수량이 구체적이고 충실한 설계도서가 존재
- 평상시 또는 연중 안전사고 발생 가능
- 일정 범위의 하중이 비교적 규칙적으로 가해짐
- 시설 기능의 열화 여부가 육안이나 시험작동으로 어느 정도 확인 가능
- 사용자에 국한하여 치명적인 피해 발생
- 전문기관이 유지관리 업무를 주로 대행하며 관리부실의 책임자 명확

○ 하천
- 관리 연장이 방대하고 외부보강 누적으로 설계자료가 부실
- 몇십 년 동안 제방의 필요성을 한 번도 체감하지 못할 수 있음
- 대규모 홍수 시에 한하여 갑작스럽게 수리학적 부담이 크게 발생
- 식생이나 콘크리트로 포장되어 있어 내부의 구조적 상태 파악 곤란
- 광범위한 지역에 걸쳐 인명과 재산 피해 확산 가능
- 국가나 지자체가 유지관리 업무를 담당하며 배상책임 판단 어려움

일반적인 기반시설과 하천의 유지관리 여건 차이

찌 되었든 평상시에는 식생이나 콘크리트로 잘 덮여 있어서 언론이나 주민들이 내부상태를 알고자 해도 보이지 않는다.

물관리시설의 한 사례로 하천을 재정투자의 관점에서 살펴보았을 때 악순환 구조에 쉽게 빠지게 됨을 알 수 있다. 재정 측면의 정부 부담은 점검·진단 등의 안전관리를 값싸고 단순한 방식으로 하게 되며, 내부상태를 제대로 알 수 없으므로 평상시 보수·보강 공사를 수행하지 못하게 된다. 이러한 상황이 누적되면 결국 수해를 겪은 뒤 그 원인조사를 할 때나 문제를 따져보게 된다. 시설의 구조적 안정성이 낮아 제 기능을 할 수 없다는 사실이 뒤늦게 드러나는 것이다. 그러나 이 시점에는 수많은 물량의 대수선이 필요해지므로 정부로서는 재정부담을 감당하기 힘들 수도 있다.

잘 알려져 있듯이, 2005년 카트리나 사태를 통해 미국에서도 제방의 유지관리 부실 문제가 크게 불거진 바 있다. 이후 미국 공병단(US ACE) 주도로 국가제방데이터베이스를 구축하고 제방 안정성 평가도 실시하고 있다. 그러나 2017년에도 미국토목학회는 미국의 제방이 1.3조 달러의 자산을 보호하는 중요한 시설임에도 안전등급이 '미흡'에 해당하는 D등급에 불과하다고 발표했다.

카트리나 사태 이후 연방정부와 주정부에서 큰 정책 변화를 모색하고 있지만 재정부담이 너무 커 어쩌지 못하고 있는 실정이다. 제방 유지관리의 필요성을 너무 늦게 깨달은 것이다. 이미 2012년에 미국 물관리시설 자산운용 가능성을 낮게 본 국가연구위원회(NRC)의 주장이 매우 설득력 있게 들린다. 이제는 계속해서 현행 체제를 지속해야 할지, 미 의회에서 현실을 제대로 보고 강력한 투자대책을 마련할지, 재원 확보를 위해 시설의 수익성 전용을 허용할지, 그것도 아니면 감당할 수 있는 수준으로 시설을 감축해야 할지 시급히 결정해야 한다는 것이다. 건설 직후부터 시설 재투자에 어려움을 겪고 있는 우리에게 시사하는 바가 매우 크다.

02

최근 물관리시설 유지관리
강화를 위한 기회

국가기반시설 관리 정책 변화

이제 국가기반시설 노후화는 정부의 큰 근심이 됐다. 오래된 도시지역을 중심으로 통신구 화재, 온수관 파열, 싱크홀 등이 발생하며, 철도시설·차량의 노후화로 인해 서비스 장애와 사고도 논란이 되었다. 한동안 감사원과 국회는 서울시의 머리 위에 위치한 팔당댐의 안전에 대한 이슈도 제기했다. 정밀안전진단 결과에 비춰볼 때 지진이나 홍수가 발생하면 댐의 월류나 붕괴가 발생할 우려가 있다는 것이다(하지만 이 점에 동의하지 않는 전문가들도 많이 있다).

1990년대 중반 시설물안전법에 근거한 점검·진단 중심의 유지관리체제를 넘어 국가기반시설의 전략적 시설투자가 되도록 정책을 크게 전환해야 한다는 주장은 점차 설득력이 높아졌다. 당장은 정부 재정의 부담이 되더라도 미국, 일본 등 선진국과 같이 선제적이고 계획적인 유지관리로 정책적 패러다임을 변화시키자는 데 사회 공감대가 형성되었다. 성능 중심의 성과관리를 시행하면서 생애주기(life-cycle)라는 장기적인 관점에 따라 보수·보강을 하고 사회 여건 변화에 적극적으로 대응하도록 성능개선사업도 추진해 보자는 것이다.

마침내 2018년 12월 말에는 선제적·계획적 유지관리를 도입하기 위해 필요한 사항을 담아 '지속가능한 기반시설 관리기본법'(이하 기반시설관리법)이 제정되었으며 2020년 1월부터 시행키로 하였다. 국가의 총괄적인 기반시설관리 기본계획 수립, 시설별 기반시설 관리계획의 수립, 실태조사 실시, 최소유지관리기준과 성능개선기준의 설정, 재원 조성 및 운영 등의 정책 수단이 마련된 것이다.

2019년 6월에는 관계부처 합동으로 '지속 가능한 기반시설 안전강화 종합대책'도 발표됐는데 '생활안전 위협요인 조기발굴·해소', '노후 기반시설 안전투자 확대', '선제적 관리강화체계 마련', '안전하고 스마트한 관리체계 구축'의 4대 추진전략을 채택했다.

〈최소유지관리기준 변경〉

[관리목표] 기반시설 별 최소 관리 목표 · 설정

＊ 최소 서비스 수준, 안전관리 규정 등

- (국토부) 최소유지관리 공동기준 마련
- (각 부처) 시설별 최소유지관리기준 마련

[현황조사] 노후 기반시설 실태 파악(DB화)

＊ 시설별 실태조사, 안전점검 등

- (국토부) 인프라 종조사 실시
- (각 부처) 시설별 안전점검, 성능평가 등

〈성능개선기준 변경〉

[상태평가] 안전점검, 성능평가 등을 토대로 성능개선 여부 결정

- (국토부) 성능개선 공통기준 마련
- (각 부처) 시설별 성능개선기준 마련

[계획수립] 노후 기반시설 중장기 관리 계획 수립

＊ 미래 전망, 사업 우선순위, 재원 계획 등

- (국토부) 기반시설 관리 기본계획(매 5년)
- (각 부처) 기반시설별 관리계획(매 5년)

[보수보강] 연차별 유지관리/ 성능개선 사업 시행

- 사업 우선순위, 예산 여건 등을 고려한 연차별 사업 시행

[사후평가] 보수 · 보강 결과를 DB화 하고 사후 분석에 활용

- 보수 · 보강 이력을 DB화하고 빅데이터 분석을 통해 취약지역 · 시설요소를 규명
- 최소유지관리 · 성능개선기준 적정성 검토

기반시설관리법에 따른 선제적 · 계획적 유지관리체계는 위의 절차에 따라 국가기반시설을 철저하게 관리하는 것을 의미한다. 마치 고급 승용차를 구입한 뒤 정기서비스를 받는 것과 유사하다.

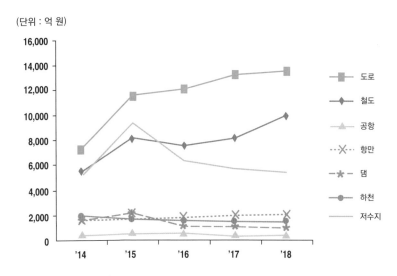

(단위 : 억 원)

중대형 국가기반시설의 유지관리를 위한 국비 투자액 비교. 도로나 철도에 비해 댐, 하천, 저수지와 같은 물관리시설의 경우 투자부족 그리고 산업구조 변화의 지연을 보여주고 있다.

앞에서 설명한 것처럼 물관리시설은 유지관리 투자가 힘든 구조적인 문제가 있어 이를 타개할 만한 정책 변화가 절실한 상황이었다. 2019년에 관계부처 합동으로 시설투자 추이를 조사했을 때에도 댐, 하천, 저수지의 투자는 매우 미흡한 수준이었다.

2018년에 국회에서 기반시설관리법을 제정하고 있다는 소식을 듣고 크게 고무됐던 기억이 있다. 물관리시설이 동 법률의 제정에 직접적인 원인을 제공했다고 보기는 힘들다. 그러나 도로나 철도와 같이 시민들이 쉽게 체감하는 타 기반시설 정책과 함께할 수 있다면 더 합리적으로 시설투자를 할 수 있겠다는 기대감이 있었다.

또한 신규공사의 물량이 소진되는 시점에서 산업에 생기를 불러일으킬 기회도 될 것으로 보았다. 시민의 편의나 안전을 크게 높이면서 빠르게 성장하고 있는 스마트 기술을 적극 채택하는 계기가 될 수도 있겠다고 생각했다.

고품격 안전하천으로 관리하기 위해

2020년 말에 국토교통부는 국가하천에 대한 기반시설관리계획(국가하천 관리계획)을 수립하였는데 "고품격 안전 하천"을 실현하려는 비전을 발표하였다. 비록 국가하천에 대한 비전으로 제시되었으나, 하천정책에 관한 총괄청의 입장이라는 점을 감안할 때 전반적인 하천 유지관리의 비전으로 해석할 수도 있을 것 같다. 본 절에서는 이러한 하천관리 방향에 마주하여 중점과제를 몇 가지 생각해 보았다.

첫째, 협력적·계획적 유지관리체계 강화로 하천관리 효율성을 높여야 한다. 체계의 큰 변화를 위해 하천 유지관리의 개념, 원칙, 업무범위 등을 실천적으로 정하도록 하천법령, 행정규칙, 기타 유지관리기준 등을 종합적으로 정비해야 한다. 또한 하천관리청은 관내 관리주체들과 함께 소관시설에 대한 중기 유지관리계획을 직접 수립·시행함으로써 유지관리에 대한 무거운 책임을 지녀야 한다.

또한 국토관리사무소(환경부 소속기관으로 변경될 예정), 지자체, 위탁사업자 등의 관리주체는 관리청이 수립한 유지관리계획에 맞추어 업무를 수행하는 방식으로 변화해야 한다. 아울러 창의성과 전문성을 적극 수혈하기 위해 기존 위탁사업자인 한국수자원공사 외에도 다양한 민간·공공 기관의 참여도 중요하다.

둘째, 하천의 상태·성능 모니터링 본격화로 안전과 편익을 증진해야 한다. 정기적인 실태조사를 도입하고 하천상태를 제대로 파악할 수 있도록 제방 안전성 평가와 하천 이용도 모니터링이 하천법의 근거하에 시행되어야 한다. 게다가 하천의 안전성, 내구성, 사용성 등 종합적인 성능관리에 필요한 성능평가매뉴얼도 마련해야 한다. 하천에 점용허가를 받아 설치하는 점용 공작물의 안전관리도 도입하며 하천시설관리대장도 유지관리의 기초가 될 수 있도록 정비해야 할 것이다.

셋째, 미래세대 부담을 줄이도록 전략적 투자도 중요하다. 최소 유지관리 기준에 따라 관리목표 및 기준이 구체화하며 관리청이 유지관리계획을 수립하게 되면 치수시설, 수변공간, 저수로 등에 대한 적정 투자계획이 마련될 것이다. 재정의 효율적 활용, 하천수입금의 활용성 제고 등의 재원 조달 방안도 이제는 신중히 따져봐야 한다.

넷째, 첨단기술을 적극 개발·활용하는 타 기반시설을 참고하여 스마트 기술기반 구축도 중요하다.

이제 하천 유지관리 업무는 단순히 민원을 해소하는 일을 벗어나야 한다. 하천을 전문적으로 '경영'하는 일이 되어야 한다.

03

전략적인 유지관리를 위한
역량 강화

대외정책 변화 대응을 위한 실천적 논의 착수

건설공사에서 유지관리로의 전환은 특정분야의 기반시설에
국한된 이야기가 아니다. 21세기 초 국토개발 시대가 끝나면서 빠
르게 국가정책과 유관산업을 전환했어야 하나, 어떤 분야는 기존
틀을 유지했다.

지난 반세기 동안 집중적으로 물관리시설을 건설함으로써
국민들에게 기본적인 서비스를 공급할 수 있게 됐다. 이제 이 시
설을 경제성이나 신뢰성의 맥락에서 지속 가능하도록 관리하면

서 국민이라는 사용자의 변화되는 욕구에 대응하는 방식으로 성능을 개선해 나가야 할 것이다.

많은 물관리 분야의 관계자들이 전략적 유지관리의 도입 필요성에 대해 크게 공감하고 있지만 큰 변화를 시도하기 전에 따져봐야 할 쟁점이 제법 남아 있다. 제도는 어떻게 디자인해야 하나? 현장의 기술수요를 어떻게 창출하고 어떻게 공급해야 하나? 물관리 분야 내에서는 이러한 토론이 충분히 이뤄지지 않았기 때문이다.

다음 절에서는 위의 쟁점을 해소하기 위해 하천 분야에서 시도할 수 있는 여러 가지 대안을 공유하고자 하였다. 사실 이 대안들이 개인의 생각은 아니다. 2021년 5월 국토교통부에서 산·학·연·관의 하천정책연구회(행사명 : 〈새로운 하천 유지관리체계는?〉)를 개최하였는데, 이때 한국수자원학회 회원들의 목소리를 청취한 바 있으며 그 중 일부를 정리한 것이다(전체 논의에 대한 심층적인 내용은 이상은 등(2012b)을 참고).

전략적 유지관리 실행을 위한 개별법령 내 규정 신설

과거 유지관리는 건설공사에 비해 중요성이 크게 낮아 개별법령에서도 유지관리의 위상이 매우 낮았다. 사실상 기반시설들의 개별법령을 건설공사법이라고 부르는 것도 이러한 이유에서다. 그러나 최근 몇 년 사이 예산이나 정책의 맥락에서 유지관리의 비중이 건설공사의 자리를 점차 대신하기 시작하면서 개별법령에도 많은 변화가 일어나고 있다. 우선, 철도의 경우를 보면 2019년에 '철도건설법'에서 '철도의 건설 및 철도시설 유지관리에 관한 법률'로 그 명칭을 변경하였고, 관리주체의 유지관리 업무에 필요한 구체적인 사항을 법에서 규정하게 된 점이 가장 큰 변화라 할 수 있다.

물관리시설 중에서는 댐이 2021년에 '댐건설 및 주변지역지원 등에 관한 법률'을 '댐건설·관리 및 주변지역지원 등에 관한 법률'로 변경됐다. 법령의 명칭을 변경하는 이유에 대해서도 "신규 댐 건설 위주의 댐건설장기계획을 기존 댐의 효율적인 관리와 안정적 운영을 위한 댐관리계획 체제로 개편"한다고 설명하고 있다. 이에 따라 기존 댐의 운영과 유지관리 중심의 댐관리기본계획을 수립하는 데 필요한 사항을 중심으로 개정됐다.

하천의 경우 하천법에서 유지관리 업무를 정의하는 다양한 방식이 있지만, 특별히 철도법령의 사례를 참고하는 방법이 적절하다고 생각된다. 그것은 별도의 장을 할애하여 전반적인 유지관리체계를 규정하는 방법으로서, 유지관리에 대한 원칙·의무, 기초조사, 계획체계, 안전관리 시행, 보수·보강 및 성능개선 조치, 자료관리 및 정보화, 인력·예산의 운영 등의 규정을 신설하는 방안이다.

각 규정은 최근 기반시설관리법의 요구사항이나 타 법령의 변화를 수용하되, 동시에 국토교통부 훈령으로 두고 있는 '하천의 유지·보수 및 안전점검에 관한 규칙'의 규정을 법규적인 성격을 갖도록 이관시키는 작업도 필요하다.

기술지침이라는 '그릇'을 중심으로 신기술의 개발·검증 추진

국가정책 변화는 바로 현장으로 이어지지 않는다. 현장 실무의 상당 부분은 오랜 기간 축적된 노하우를 바탕으로 작동되기 때문이다. 따라서 하천 유지관리의 정책 변화를 실현하되 현장의 노하우를 변경할 만한 신기술 개발은 매우 중요하다.

2005년의 『하천시설물 유지관리 매뉴얼』과 2016년의 『하천 유지·보수 매뉴얼』

하천분야의 경우 과거 2000년대 초반 일련의 홍수를 겪은 뒤 건설교통부는 한국하천협회와 다년간의 연구를 바탕으로 『하천시설물 유지관리 매뉴얼』을 2005년에 발간했다. 4대강 사업이 종료되는 시점부터 국토교통부는 한국건설기술연구원에 의뢰하여 선진적인 하천시설 관리기법을 연구했으며 그 결과를 토대로 『하천 유지·보수 매뉴얼』을 2016년에 발간했다.

위 매뉴얼로 대표되는 현재의 기술지원 수단은 여러 한계를 노출했다. 이 매뉴얼은 하천법령 어디에도 그 근거가 없다. 단순히 유지관리 담당자에게 제공되고 있다. 법제도적으로 명기된 의무도 아니며, 기술인력 부족을 겪고 있는 현장에서 매뉴얼의 준수를 기대하긴 힘들다.

국토교통부에서 몇 차례 연구를 통해 그 내용을 점차 확대하고 있지만, 담당자들이 업무를 수행하는 가운데 반드시 준수할 내용과 현장여건에 따라 취사선택할 내용이 구분되지 않는다. 현장의 실천성을 확보하지 못한 상황에서 연구를 통해 매뉴얼의 분량만 늘리고 있는 형국이다.

외적으로는 디지털혁명으로 기술 변화 속도가 빠르며 하천분야에 활용할 만한 기술도 많은 게 사실이다. 그러나 우리가 처한 현실은 현장의 최신기술 활용이 부진했던 과거로 인해 연구개발의 동력이 잘 생기지 않고 있다.

눈을 돌려 타 기반시설을 살펴보면, 개별법령에서 유지관리의 비중이 높아지면서 법적 근거를 둔 기술지침을 마련하는 사례

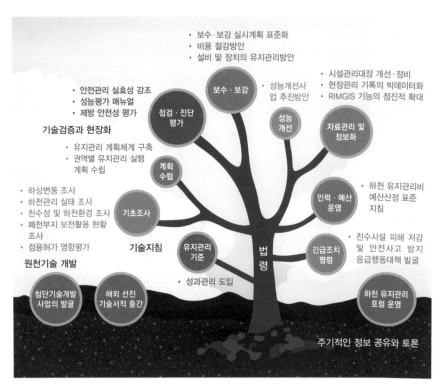

• 보수·보강 실시계획 표준화
• 비용 절감방안
• 설비 및 장치의 유지관리방안

• 시설관리대장 개선·정비
• 현장관리 기록의 빅데이터화
• RIMGIS 기능의 점진적 확대

• 안전관리 실효성 강조
• 성능평가 매뉴얼
• 제방 안전성 평가

보수·보강

성능개선사
업 추진방안

점검·진단
평가

성능
개선

자료관리 및
정보화

기술검증과 현장화

• 유지관리 계획체계 구축
• 권역별 유지관리 실행
  계획 수립

계획
수립

• 하상변동 조사
• 하천관리 실태 조사
• 친수성 및 하천환경 조사
• 폐천부지 보전활용 현황
  조사
• 점용허가 영향평가

기초조사

인력·예산
운영

• 하천 유지관리비
  예산산정 표준
  지침

기술지침

유지관리
기준

법
령

긴급조치
명령

• 친수시설 피해 저감
  및 안전사고 방지
  응급행동대책 발굴

원천기술 개발

• 성과관리 도입

첨단기술개발
사업의 발굴

해외 선진
기술서적 출간

하천 유지관리
포럼 운영

주기적인 정보 공유와 토론

하천 유지관리 제도적·기술적 역량 강화를 위한 추진전략

가 증가하고 있다. 2015년 〈항만시설물 안전점검 지침〉과 2019년 〈철도시설의 정기점검 등에 관한 지침〉이 대표적이며, 2021년에는 물관리시설 중에서도 〈상수도관망시설 유지관리업무 세부기준〉이 수립됐다. 이러한 기술지침은 관리주체가 반드시 준수해야 할 사항들, 그중에서도 해당 시설에 특화하여 안전관리 및 보수·보강 방법을 정하고 있다.

정책 변화의 현장 정착을 위해 가장 먼저 기술지침을 시급히 마련해야 한다. 하천법에 근거를 두고 국가하천과 지방하천에 모두 적용되는 전문적인 기술지침, '(가칭)하천 유지관리 등의 실시에 관한 지침'을 신설된 업무에 맞춰 개발하기를 기대한다. 이후에는 이 기술지침을 신기술의 개발과 검증을 위한 그릇으로 활용할 수 있을 것이다.

현장의 유지관리도 선계획·후집행의 방식이 필요하다

현재 아무 계획도 없이 하천 유지관리 업무가 진행되고 있다고 말한다면 많은 사람들이 반론을 제기할 수 있을 것이다. 누군가는 국토교통부 훈령에 따라 매년 유지관리 계획을 수립해 관리청에 제출하고 있다고 말할 것이다. 이 계획은 이듬해 하천 유지·보수사업의 국비 보조금을 배정받기에 앞서 비목을 설명하는 단년도 사업계획이며, 정부에서도 예산의 배정이나 정산을 위한 근거자료로 활용할 뿐이다.

또 다른 누군가는 관리청이 하천기본계획 안에 하천 유지관리 방침을 정하고 있다고 말할 수도 있을 것이다. 실제로 2000년대 중반까지 수립된 하천기본계획에는 하천의 유지관리에 관한 사항이라는 장(章)이 있었다. 하지만 내용을 보면 고수부지 이용, 골재 채취, 하도관리, 대장 전산화 등의 업무에 한정되어 일반적이고 개략적인 방향을 언급하는 데 그쳤다.

▶▶ 제방 본체와 통문 날개벽이 이격되어 제방 안전에 문제될 수 있음에도 정기점검에서 A등급으로 기재 후 방치

▶▶ FMS에 많은 국가하천시설이 누락되어 안전관리 업무를 미시행하며 조작 불가인 상태로 방치

감사원이 2015년에 적발한 담당자 업무 미숙에 따른 관리부실 사례

그러면 현장의 유지관리를 위해 굳이 새로운 계획이 필요한가? 현재 하천 유지관리의 가장 심각한 문제는 하천관리청이 유지관리 업무를 기초단체나 공기업에 위임할 뿐 컨트롤타워 기능을 제대로 담당하지 못하는 데에 있다. 기초단체는 위임사무 특성상 유지관리 부실의 책임도 낮을 뿐만 아니라 공무원의 순환보직으로 관할 하천의 기능을 유지하기 위해 무슨 업무를 해야 하는지 모르는 경우도 있다. 이러한 상황에서 예산을 배정하게 되면 지역 주민의 복지와 민원에 민감한 기초단체는 수변공원에 보기 좋은 화단을 조성한다던지 산책로의 바닥만 고치게 되는 일이 생기게 된다.

이러한 국내 여건을 고려할 때 하천관리청이 하천법에 근거를 두고 관내 하천에 대해 중기단위의 유지관리계획을 직접 수립하는 것이 필요하다.

제1장 계획의 개요
- 배경 및 목적
- 작성근거
- 대상 및 범위
- 관련 법령 및 관리기준

제2장 하천관리현황 및 전망
- 유역의 자연적 · 사회적 특성
- 하천의 특성 및 기능
- 재해이력 및 추이
- 하천 관리여건 및 전망

제3장 하천 유지관리 실태
- 유지관리체계
- 하천시설
- 하천공간
- 하상변동

제4장 ○○○유지관리 기본방향
- 관리목표
- 하천시설의 기능 유지
- 하천공간의 보전과 이용
- 하도단면의 확보

제5장 시설 유지관리계획
- 시설 유지관리 기준
- 순찰 및 일상관리
- 점검 · 진단 · 평가 실시
- 보수 · 보강 실시
- 인력 및 장치 · 장비의 운영

제6장 하천공간운영계획
- 공간관리 기준
- 지구지정 및 변경
- 하천공간의 운영
- 점용허가의 방침
- 불법행위 적발 및 조치

제7장 저수로정비계획
- 저수로 관리 기준
- 저수로 정비 실시계획

제8장 성능개선사업 추진계획
- 성능개선 기준
- 사업평가 및 추진계획

제9장 홍수상황관리계획 등
- 홍수상황관리
- 기타 안전사고 대책

제10장 재정운영계획
- 재정현황 및 전망
- 소요예산
- 투자 우선순위
- 연차별 투자계획

제11장 기타 사항
- 유지관리 구간구역의 조정
- 청 · 관리사무소 · 지자체 역할분담
- 위 · 수탁계약에 대한 사항
- 지역 · 주민과의 협력에 대한 사항
- 유지관리 효율성 개선을 위한 노력

중기단위 하천 유지관리 계획의 내용적 범위(안)로 제안된 것으로서 현재 지방국토관리청에서 이와 유사한 계획 수립을 위해 시범사업을 준비하고 있다.

그동안 만나 본 우리나라 국토관리사무소 담당자의 요구사항과 일본 하천관리사업소의 사례를 종합적으로 볼 때 앞의 그림과 같이 계획의 골격을 정할 수 있을 것이다. 계획의 개요, 하천관리 현황 및 전망, 하천 유지관리 실태조사, 유지관리 및 성능개선 기본방향, 유지관리·성능개선·하도개선 추진계획, 하천공간 운영계획, 이행사항 평가 및 기타 사항, 재정운영계획 등을 꼼꼼하게 정해서 업무를 수행해 보면 좋겠다. 최근 하천관리정책 방향을 감안할 때 유지관리계획에서도 하천환경과 관련된 업무를 적극적으로 반영해야 함은 물론이다.

관리청이 위의 계획을 수립하는 것은 각 관리주체가 다음 5년 동안 맡아야 할 업무를 알려주는 것이다. 무엇을 해야 하는지, 언제 해야 하는지, 예산은 또 얼마나 지급되는지 등……. 이러한 계획의 도입은 하천관리청의 관리·감독 기능 약화, 관리주체의 업무 이해도 부족과 사기 저하, 불투명한 재정운영 등 하천 유지관리의 고질적인 문제를 해소할 것으로 기대된다.

13장

탄소중립
목표 달성을
주도하자!

01

스마트 녹색
인프라 구축

기후 변화와 미국의 그린뉴딜 정책

기후 변화는 더 이상 남의 일이 아니다. 2018년 12월 미국의 예일대학과 조지메이슨대학 기후 변화 커뮤니케이션 센터가 공동으로 실시한 여론조사에서 73%의 응답자가 지구온난화가 진행 중인 것으로 생각한다고 답했고, 그중 절반(46%)은 지구온난화의 영향을 경험한 바 있다고 답했다.

몇 년 전만 해도 우리가 지구온난화로 인해 직접적으로 피해를 입고 있다고 느끼는 사람은 많지 않았다. 그러나 최근 10년 동안 갈수록 빈번해진 홍수, 가뭄, 폭염 등의 재해를 직접 체험하고 접하면서 많은 사람들이 기후 변화에 대한 인식을 전환하고 위기의식을 갖게 됐다.

기후 변화가 무서운 것은 그로 인해 수권(水圈)이 파괴되기 때문이다. 수권은 지구상의 생명 유지에 필수적인 부분이다. 지구의 생태계는 구름을 통해 지구를 도는 물의 순환 주기에 맞춰 진화했다.

지구온난화에 의해 지구의 기온이 1℃ 상승할 때마다 공기가 보유하고 있는 수분의 용량은 약 7%가 증가한다. 이로 인해 구름에 더 많은 물이 집중되고 극단적인 강수로 인해 재해가 발생한다. 또한, 겨울의 극심한 한파와 폭설, 여름의 홍수와 가뭄, 산불은 모두 물과 관련된 재해이며 막대한 인명과 재산의 손실뿐만 아니라 생태계를 파괴하기도 한다.

2008년 세계 금융위기 이후 저성장이 지속되면서 세계 경제는 뉴노멀(New Normal) 시대라고 불리는 새로운 패러다임이 등장했고 핵심적인 어젠다는 성장에서 지속 가능성으로 변화됐다. 더불어 기후 변화에 따른 자연재해의 증가, COVID19의 세계적인 유행 등으로 인해 세계적인 저성장이 지속되고 있는 실정이다.

기후 변화로 인한 위기와 저성장을 돌파하기 위해 세계의 국가들은 그린뉴딜(Green New Deal) 정책을 출범시키고, 친환경 탈탄소 녹색성장을 위한 적극적인 정책을 펼치고 있다.

미국은 2019년 2월 7일, 온실가스 배출 넷 제로(Net Zero)를 목표로 하는 '그린뉴딜 결의안'을 제출했다. 이 결의안은 전 세계 온실가스 배출량의 20%를 차지하는 미국이 경제전환을 통해 온실가스를 줄이고, 배출량 제로를 달성해야 한다는 것을 강조하고 있다.

미국의 그린뉴딜의 목표는 다음과 같다.

"① 향후 10년 내에 청정 재생가능한 자원으로 내수 전기의 100퍼센트를 생산한다. ② 국가의 에너지 그리드 및 건축물, 교통 인프라를 업그레이드 한다. ③ 에너지 효율을 증대한다. ④ 녹색 기술의 연구 개발에 투자한다. ⑤ 새로운 녹색 경제에 걸맞은 직업훈련을 제공한다."

미국의 그린 뉴딜정책은 선진국과 개도국이 모두 참여하는 파리 협정('16. 11. 4 협정 발효)을 포함하여 국제사회 기후 변화 대응과 세계 경제정책에 큰 영향을 미치고 있다.

한국판 뉴딜 정책

우리정부 역시 기후 변화로 인한 위기와 뉴노멀시대의 돌파를 위해 국가 정책방향을 휴먼·디지털·그린뉴딜로 발전 패러다임을 전환하고 한국판 뉴딜 정책을 2020년 7월부터 추진해오고 있다. 한국판 뉴딜은 선도국가로 도약하기 위한 '대한민국 대전환' 선언으로 추격형 경제에서 선도형 경제로, 탄소의존 경제에서 저탄소

경제로, 불평등 사회에서 포용 사회로, 대한민국을 근본적으로 바꾸겠다는 정부의 강력한 의지를 담은 담대한 구상과 계획이다.

한국판 뉴딜은 경제 전반의 디지털 혁신과 역동성을 확산하기 위한 '디지털 뉴딜'과 친환경 경제로 전환하기 위한 '그린 뉴딜'을 두 축으로 한다.

디지털 뉴딜은 정보통신(ICT) 산업을 기반으로 데이터의 활용도를 높여 전 산업의 생산성을 비약적으로 높일 수 있도록 관련 인프라를 빠르게 구축해 나가는 것이다. 주요 과제로 데이터 댐, 인공지능(AI) 기반 지능형 정부, 교육인프라 디지털 전환, 비대면 산업 육성 그리고 국민안전 SOC 디지털화 등을 제안했다.

그린 뉴딜은 탄소의존형 경제를 친환경 저탄소 등 그린 경제

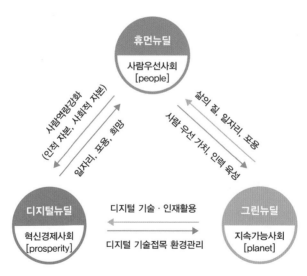

국가 발전 패러다임 전환

로 전환하는 전략이다. 기후위기에 선제적으로 대응하고 인간과 자연이 공존하는 미래사회를 구현하기 위해 탄소 중립(Net-zero)을 향한 경제·사회 녹색전환을 추진한다. 주요 과제로 신재생에너지 확산기반 구축, 전기차·수소차 등 그린 모빌리티, 공공 시설 제로 에너지화, 저탄소·녹색산단 조성 등을 제안했다.

탄소중립과 물관리

탄소중립은 온실가스 배출을 최대한 줄이고, 남은 온실가스는 흡수 또는 제거해서 실질적인 배출량이 0(ZERO)이 되는 개념이다. 즉, 배출되는 탄소와 흡수되는 탄소량을 같게 해 탄소 순배출이 '0'이 되는 상태다.

탄소중립을 '넷-제로(Net-zero)'로 부르는 것도 이러한 이유이다. 2015년 12월 프랑스 파리에서 열린 제21차 유엔기후변화협약(UNFCCC) 당사국 총회에서는 파리기후변화협약(파리협정)이 채택됐다. 이 협약은 온실가스 배출을 감축함으로써 산업화 이전 대비 지구 평균기온 상승을 2℃보다 낮은 수준으로 유지한다는 목표에 각국이 협력한다는 내용을 담고 있다.

이에 선진국뿐만 아니라 개발도상국은 온실가스 감축에 동참하기로 결의했다. 세계 각국은 2016년부터 자발적 온실가스 감축목표(NDC)를 제출했고, 모든 당사국은 올해 연말까지 '파리협정

제4조 제19항'에 근거해 지구평균기온 상승을 2℃ 이하로 유지하고, 나아가 1.5℃를 달성하기 위한 장기저탄소발전전략(LEDS)를 제출해야 한다.

세계 각국은 지속 가능한 지구를 위해 피할 수 없는 선택으로 탄소중립을 잇따라 선언하고 있다. 환경부에 따르면 지난달 기준 탄소중립을 법제화한 나라는 총 6개국이다.

스웨덴은 2045년까지 탄소중립 달성을 목표로 지난 2017년 6월 법제화를 마쳤다. 영국과 프랑스, 덴마크, 뉴질랜드도 지난해 법에 탄소중립을 명시했으며, 헝가리도 올해 탄소중립 법제화 국가 대열에 합류했다.

탄소중립 법제화까지는 아니지만, 장기저탄소발전전략(LEDS)을 통해 탄소중립 계획을 천명한 나라도 많다. 우선 지난해 12월 유럽연합(EU)은 '그린딜'을 통해 2050년 탄소중립 목표를 발표했고, 올해 중국은 2060년, 일본은 2050년을 목표로 탄소중립을 선언하는 등 전 세계가 기후위기 극복이라는 공동의 목표를 향해 나아가고 있다.

조 바이든 미국 대통령도 자신의 SNS를 통해 취임 직후 파리협정에 재가입하고 2050년까지 탄소중립을 이루겠다고 약속했다.

우리나라도 국제사회의 탈탄소 흐름에 발맞추어 무거운 책임감을 갖고 나아가고 있다. 2020년 7월 한국판 뉴딜 일환으로 '그린뉴딜'을 발표하며 탄소중립의 첫 걸음을 시작하였고 2020년 10월에는 문재인 대통령이 국회 시정연설에서 '2050년 탄소중립' 목표를 처음 공식화했다.

2015년 유엔 기후 변화 회의에서 채택된 파리협정은 지구 평균온도 상승폭을 산업화 이전 대비 2℃ 이하로 유지하고 더 나아가 온도 상승폭을 1.5℃ 이하로 제한하기 위해 함께 노력하기 위한 국제적인 협약이다. 현재 200여 개 국가가 협정을 이행 중이며, 세계 7위의 온실가스 배출국가인 한국은 2030년까지 전망치 대비 37%의 온실가스 감축을 목표로 동참하고 있다(2021년 10월 18일, 2050 탄소중립위원회는 제2차 전체회의를 통해 2030 국가 온실가스 감축목표(NDC)를 "2018년 온실가스 총배출량 대비 40% 감축"으로 대폭 상향하였다).

그러나 한국의 2017년 기준 온실가스 배출량은 전년보다 2.4% 늘어난 7억 914만 톤으로 집계됐으며, 이는 최대배출량을 기록했던 2013년 6억 9,670만 톤을 넘어선 수치다. 파리협정에 따라 우리나라는 2030년까지 5억 3,600만 톤으로 배출량을 줄여야 하지만 온실가스 배출량은 지속적으로 증가하고 있다.

물관리 분야는 취·송수, 정수처리, 급·배수, 하수차집, 하수처리, 하수배출 등 단계별로 온실가스를 최소 20%에서 최대 100%까지 감축이 가능하며, 전 세계 탄소중립 달성 목표의 최대 20%를 감당할 수 있는 핵심분야의 하나로 평가받고 있다.

영국의 상하수도협회는 영국정부 목표(2050년)보다 앞선 2030년 탄소중립 달성을 선언(2020년 3월)하고 시행계획을 구체화하여 'Net Zero 2030 Route Map'을 발표했으며, 미국은 캘리포니아 수도 계획(California Water Plan)에서 탄소 발자국의 저감을 목표로 물 관리시설의 에너지 절감 및 효율 개선방안을 제시했다.

우리도 물 분야 탄소중립 이행으로 기후위기에 적극적으로 대응해야 한다. 물관리 전 과정의 온실가스 발생량을 산정하고 감축 목표량을 설정하여 기후위기에 적극 대응할 필요가 있다. 유수율 제고, 물 재이용, 수돗물 음용률 제고 등 수요관리를 통해 용수 공급에 대한 에너지를 절감하고 물 인프라 시설에 대한 에너지 효율화를 지속적으로 추진해야 한다.

또한 수열, 수상태양광, 하수 등 물 관련 재생에너지 생산기반을 확대하고 하천과 주변 지역의 탄소 흡수능력을 확충하기 위한 유휴토지(습지 등), 수변생태벨트, 생태마을 등을 조성할 필요가 있다.

스마트 녹색 인프라의 구축

19세기에는 증기를 이용한 인쇄와 전신, 풍부한 석탄, 전국 철도망이 서로 맞물리며 사회를 관리하고 동력과 이동성을 제공하는 범용기술 플랫폼이 형성됨으로써 1차 산업혁명이 시작됐다. 20세기에는 중앙제어식 전력과 전화, 라디오, 텔레비전, 저렴한 석유, 그리고 전국의 도로망을 달리는 내연기관 차량이 상호작용하며 2차 산업혁명의 기반을 창출했다.

1970년대 이후에 시작된 3차 산업혁명은 온라인 가상세계인 컴퓨터, 인공위성, 인터넷의 발명으로 촉진되어 일어난 혁명이다. 이전에 없었던 정보 공유방식이 생기면서 정보통신기술이 본격적으로 발달하기 시작했다. 디지털화한 커뮤니케이션 인터넷과 태양열 및 풍력 전기를 동력으로 삼는 디지털화한 재생에너지 인터넷, 그리고 녹색 에너지로 구동되는 전기 및 연료전지 자율 주행 차량으로 구성된 디지털화한 운송, 물류 인터넷이 상호작용하고 있다.

이들의 상호작용은 건축물 및 시설에 설치되는 사물 인터넷(Internet of Things, IoT) 플랫폼을 기반으로 삼으며 21세기 사회와 경제에 변혁을 알리고 있다. 센서들이 모든 장치와 기기, 기계, 도구 등에 부착되며 글로벌 경제 전반으로 확장되는 디지털 네트워크를 통해 모든 '사물'을 인간과 연결하고 있으며, 2030년이면 전 세계에 분포된 지능망(intelligent network)에서 수조 개에 달하는 센서가 인간과 자연환경을 연결하게 될 전망이다.

지금의 4차 산업혁명에는 어떤 혁명이 일어날까? AI 등 최첨단 기술의 융합으로 빅데이터, 인공지능, 로봇공학, 사물인터넷, 무인 항공기, 3차원 인쇄, 나노 기술 등의 분야에서 이루어지고 있는 기술혁신이 발생한다.

구글의 인공지능과 이세돌의 바둑 대국을 기억하는가? 상당한 창의력이 필요해 인간의 영역이라고 보았던 바둑에서도 인공지능은 뛰어난 실력을 보여주었다. 스스로 기보를 학습하고 바둑에서 이길 수 있는 최상의 수를 둔 것이다. 빅데이터를 기반으로 인공지능이 학습하고, 그 내용을 바탕으로 최상의 결과를 도출한 것이다.

그린뉴딜 스마트 인프라의 구축에는 모든 역량이 동원될 것이다. 새로운 스마트 지속 가능 인프라는 다시 녹색 경제로의 전환을 특징으로 하는 새로운 비즈니스 모델과 새로운 종류의 고용을 가능하게 할 것이다.

범용 광대역을 포함하여 통신네트워크도 더욱 발전시켜 나아가야 한다. 에너지 인프라는 태양광이나 수력 및 여타 재생에너지를 수용할 수 있도록 변환되어야 한다. 로봇과 AI로는 태양 전지판을 설치하거나 풍력 터빈을 조립할 수 없다. 훨씬 더 민첩하고 숙련된 전문인력이 필요하다.

세계경제포럼(World Economic Forum)의 2017년 보고서에서 국가 인프라의 품질을 평가했는데 한국은 네덜란드와 일본, 프랑스, 스위스에 이어 8위를 차지했다. 미국은 한국의 뒤를 이어 9위였다.

미국토목학회(ASCE)는 4년마다 철도 운송과 내륙수로, 항만, 학교, 폐수 및 고형 폐기물 처리, 유해 폐기물 처리, 공원, 항공, 에너지 등을 망라해 국가의 인프라 상태에 대한 성적표를 발부한다. 2017년 ASCE는 미국의 공공 인프라에 'D+'라는 당혹스러울 정도로 낮은 점수를 주었다.

ASCE 보고서는 공공 인프라의 악화가 미국 경제에 장해물이 되고 있을 뿐 아니라 국민의 건강과 복지 및 안보에 갈수록 큰 위협까지 되고 있다고 지적하며, 미국 국가가 필요한 인프라 비용의 절반만 지불하고 있기 때문에 기업체와 근로자, 가정에 피해가 초래된다고 경고했다.

ASCE는 미국이 평점 B라도 받으려면 향후 10년(2016~2025년) 동안 매년 2,060억 달러를 추가로 인프라에 투자해야 한다고 결론지었다. 2025년까지 현재의 수준보다 2조 달러 정도 늘어난 총 4조 5,900억 달러를 인프라에 투자해야 한다는 뜻이다.

한국도 미국과 다르지 않다. 1970년대부터 집중적으로 건설된 우리나라의 기반시설 역시 급속히 노후화되고 있다. 중대형 SOC의 경우 30년 이상 경과된 시설의 비율은 저수지 96%, 댐 45%, 철도 37%, 항만 23% 등으로 인프라 시설 노후로 인한 건축물 붕괴, 도로 함몰, 상수도 누수 등 크고 작은 안전사고가 발생하고 있다. 특히 1970~1980년대 집중 공급된 서울 등 주요 대도시 인프라 시설의 노후화가 빠르게 진행 중이다.

한국판 그린뉴딜 정책은 깨끗하고 안전한 물관리 체계 구축을 위해 전국 광역상수도와 지방상수도를 대상으로 AI와 ICT 기반의 스마트 관리체계를 구축하고, 지능형 하수처리장 및 스마트 관망 관리를 통한 도시침수·악취관리 시범사업을 추진할 계획이다. 또한 수질 개선·누수 방지 등을 위해 12개 광역상수도 정수장 고도화 및 노후상수도 개량이 동시에 추진된다.

화석연료 중심의 인프라에서 스마트 녹색 인프라로의 전환은 그린뉴딜의 핵심으로, 중앙정부가 국가의 인프라 구축에서 중추적인 역할을 수행해야 한다. 특히 4차 산업혁명 인프라와 탄소 제로 경제로의 전환을 위한 새로운 법규와 규정, 표준, 세금 인센티브 및 여타 재정적 인센티브를 확립해 나가야 한다.

02

그린뉴딜의 핵심,
신재생에너지

지구 평균온도 상승 저지선인 1.5℃ 목표와 파리협정에서 약속한 감축목표량을 지키기 위해서는 온실가스를 가장 많이 배출하는 에너지 부문의 정책 전환이 가장 중요하다. 경제구조의 저탄소화를 위해 화석연료 중심의 에너지를 친환경 재생에너지로 바꾸는 에너지 전환의 가속화가 시급한 실정이다. 최근(2021년 10월 18일) 대통령 대통령 직속 탄소중립위원회가 오는 2030년 온실가스를 40% 줄이고, 2050년 탄소 배출량 제로를 달성하겠다는 급발진 탄소중립 목표를 심의·의결하여 정부에 제안하였다. 우리나라의 산업구조(제조업 26.1%), 배출정점 이후 탄소중립까지 짧은 시간(韓 32 VS EU 60), 주요국 대비 높은 연평균 감축률(韓 4.17 VS EU 1.98) 등을 고려할 때 40%는 결코 쉽지 않은 목표이나 탄소중립 실현과 온실가스 감축을 위한 정부의 강력한 정책 의지를 반영한 것으로 생각된다.

특히, 전환(에너지) 부문은 석탄발전소의 완전한 퇴출과 재생에너지의 비중을 현재 6.6%에서 최대 70.8%까지 확대하는 방안을 제시하였다.

태양광, 지열, 수열 등의 에너지가 탄소중립을 위한 대안으로 떠오르고 있다.

수상태양광

세계은행(World Bank Group)이 2019년 발간한 〈수상태양광 리포트〉에 따르면 전 세계 저수지 수면 기준으로 1%의 면적에 수상태양광 발전소를 설치할 수 있는 설비 용량은 무려 404GW에 달한다. 설비용량을 기준으로 화력발전소 404기(1GW급 발전소 기준)를 대체할 수 있는 셈이다. 세계은행은 수상태양광이 육상태양광, 건물태양광에 이어 태양광발전의 3대 축이 될 것으로 예상하고 있다.

수상태양광은 농경지나 산림의 훼손 없이 넓은 공간에 발전시설을 설치할 수 있고 수면을 통한 냉각효과로 발전효율이 육상

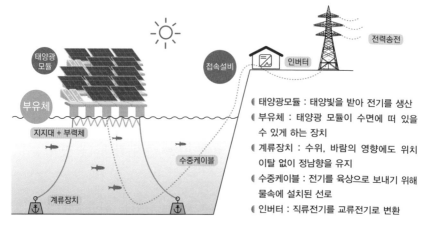

태양광모듈 : 태양빛을 받아 전기를 생산

부유체 : 태양광 모듈이 수면에 떠 있을 수 있게 하는 장치

계류장치 : 수위, 바람의 영향에도 위치 이탈 없이 정남향을 유지

수중케이블 : 전기를 육상으로 보내기 위해 물속에 설치된 선로

인버터 : 직류전기를 교류전기로 변환

수상태양광의 시설구조

태양광보다 10%가량 높게 평가된다. 특히 국내의 경우 수상태양광은 한국수자원공사, 한국농어촌공사 등이 관리하는 댐이나 저수지가 많아 발전 잠재력이 높다. 국토면적이 상대적으로 좁은 국내 조건상 태양광 입지 확대를 위해 수상태양광이 주도적으로 국내 재생에너지 보급에 기여해야 한다.

한국수자원공사는 2012년 합천댐 수면 위에 0.5MW 규모의 태양광 시설을 설치하여 국내 최초로 수상태양광 발전을 상용화했으며, 이후 보령댐 2MW('16. 03), 충주댐 3MW('17. 12)를 건설했다.

2020년 하반기에는 세계 최대규모의 수상태양광 사업이 전북 새만금 방조제 안에 착공됐다. 새만금 수상태양광 발전사업은 새만금 사업지역 중 상대적으로 개발수요가 낮은 공항 인접 새만금호의 약 30km²를 활용해 역대 수상태양광 프로젝트 중 세계 최

보령댐 수상태양광 시설

대인 2.1GW의 발전단지를 조성하는 사업이다.

2021년 환경부 탄소중립 이행계획('21. 03)은 수상태양광 사업에 대해 5개 댐(합천댐, 군위댐, 충주댐, 소양강댐, 임하댐)에서 8개 사업으로 추진계획을 수립했다. 특히 합천댐 수상태양광 사업은 연간 약 6만 명이 사용할 수 있는 41MW의 설비용량으로 총 사업비 924억 원을 투자하기로 했으며, 이 중 5%는 지역주민이 투자하고 투자 수익률을 공유하는 형태의 주민참여형으로 추진한다.

그러나, 수상태양광은 환경에 대한 영향 및 안정성에 대한 검증 필요성이 지속적으로 제기되고 있다. 다만 한국환경정책평가연구원에서 합천호 태양광 실증단지를 대상으로 실시한 연구에 따르면 시설의 부력재, 수중케이블, 전선 등으로 인한 아연, 구리, 나트륨 등 금속의 유출이나 수상태양광 시설의 차광에 따른 수질영향 등에 대한 모니터링 결과 태양광 발전시설이 환경적으로 부정적인 영향을 미쳤다고 보기 어렵다는 결론을 내렸으며, 수질과 수생태에 대한 조사 결과 발전설비의 영향을 받는 수역과 그렇지 않은 수역 간 유의미한 차이가 없고 대부분 항목이 기준치 이하로 나타났다.

마지막으로 수상태양광은 바람, 습기 등에 항상 노출된 조건에 대응할 수 있는 설계와 시공이 필수적이다. 시공비용이 높은 것이 수상태양광의 한계점으로 지적되고 있기 때문에 향후 수상태양광의 지속적인 확대를 위해서는 기술적인 비용절감을 위한 노력이 필요하다.

수열에너지

수상태양광뿐만 아니라 하천수의 수열에너지를 사용한 냉난방시스템 도입도 탄소중립을 위한 신재생에너지로 각광받고 있다. 수열에너지란 여름철 수온이 대기보다 낮고, 겨울철에는 높은 특성을 활용하여 물을 열원으로 히트펌프(heat pump)를 통해 냉난방하는 시스템이다. 기존 에너지 체계 대비 약 10~30% 내외의 에너지 절감 및 탄소배출 감축 효과가 있다.

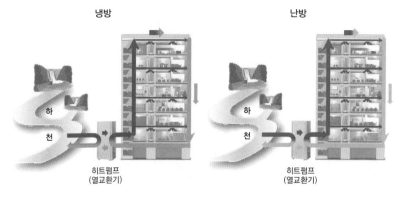

냉방　　　　　　　　　　난방

하
천　　　히트펌프　　　　　　　　히트펌프
　　　(열교환기)　　　　　　　(열교환기)

하천수 수열에너지 공급 모식도

　잠실의 롯데월드 타워에는 수열에너지 냉난방 시스템을 도입
했는데 에너지 절감률은 35.8%, 탄소저감 효과는 37.7%로 나타
났다. 뿐만 아니라 연 7억 원의 냉·난방비 절감 효과가 있어 수열
에너지를 위한 사업비가 100억 원이나 투입됐지만, 10년 내에 투
자된 비용을 회수할 수 있을 것으로 예측된다.

　기존의 신재생에너지법은 해수를 활용한 수열에너지만을 재
생에너지로 인정했으나 시행령 개정을 통해 하천수의 수열에너지
도 재생에너지로 인정하고 있으며 환경부 그린뉴딜의 대표 사업
으로 육성하고 있다.

　정부가 추진하는 '친환경 수열에너지 활성화 방안'은 융복합
클러스터 조성, 맞춤형 제도개선과 시범사업 추진, 핵심기술개발
등 중장기 실행계획을 담고 있다. 시범사업으로 강원도 춘천에 수
열에너지 융복합클러스터를 조성하고, 재생에너지 분야에서 아직

강원도 수열에너지 융복합클러스터

은 생소한 하천수, 댐용수, 원수 등을 대상으로 하는 수열에너지 사업의 효과를 검증할 계획이다. 강원도 수열에너지 융복합클러스터는 공급규모 16,500RT로 이는 현재 국내 최대 규모인 롯데월드 타워의 5배가 넘는 규모이다.

또한, 부산의 세물머리 지구에서는 낙동강의 하천수를 활용하여 도심지에 냉·난방을 공급하는 사업을 추진 중으로, 이는 국내 최초의 도시 단위 수열에너지 활용 사업이다. 단계별로 수열에너지 공급센터를 구축하고, 운영관리를 통해 도시면적의 10%에 열에너지를 공급할 계획을 수립했다.

서울시는 풍속, 풍량이 부족하여 풍력을 활용하기 어렵고, 해양에너지 등 재생에너지 자원이 미약하기 때문에 신재생에너지 사업은 주로 태양광 발전에 집중됐으나, 2019년 하천수가 수열에너지원으로 인정받으면서 2020년에 한강 하천수를 이용한 건물 냉·난방 사업계획을 수립했다. 우선 수도권 1단계 광역원수를 이용한 압구정 현대백화점 건물 냉방과 영동대로 복합환승센터 냉·난방 공급사업을 우선 추진 중이며, 앞으로 양재 R&D 앵커시설 등 5개소에 대해 추가 수열에너지 사업을 추진할 계획이다.

수열에너지가 신재생에너지로 국내에 자리잡기 위해서는 가장 먼저 수열에너지의 핵심인 히트펌프에 대한 기술개발이 중요하다. 히트펌프(heat pump)란 저온의 공기, 지열, 물, 폐열 등의 열원으로부터 열을 흡수하여 공기, 온수 등의 고온 열에너지를 생산하는 설비이다. 히트펌프 시스템의 냉매 압축을 위한 압축기를 구동하려면 에너지 투입이 필요한데, 대부분 전기를 사용한다. 그렇지만 압축기 구동에 필요한 전기에너지보다 더 많은 양의 에너

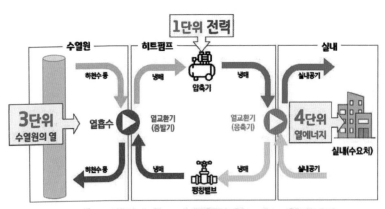

수열에너지(히트펌프)의 원리

지를 열에너지로 공급할 수 있으며, 전기 사용에 의한 최소한의 이산화탄소 배출량이 존재하지만 석유, 가스, 난방기기, 전기히터 대비 발생량은 최대 68%가 낮다.

해외에서는 열에너지 생산에 있어서 1960년대부터 히트펌프를 사용하고 현재까지도 관련 기술을 발전시켜 왔으며, 특히 일본의 업체들이 기술개발을 선도하고 있는 상황이다. 국제에너지기구(International Energy Agency, IEA)는 에너지 절감에 대한 히트펌프의 중요성을 인식하고, 1978년부터 산하에 히트펌프기술협력 프로젝트(HPT)를 운영하고 있다.

이 프로젝트에서 개발 중인 기술은 히트펌프의 사물인터넷 기술(IoT) 적용, GWP(지구온난화지수) 냉매 히트펌프 기술, 공동주택용 난방 및 온수 공급을 위한 히트펌프 기술, 제로에너지빌딩을 위한 히트펌프 통합설계 기술, 산업용 히트펌프 기술 등으로 보수적이고 전통적인 기기인 히트펌프 시스템에 4차 산업혁명과 관련된 기술을 적용하기 위한 기술개발 연구가 진행 중이다.

국내에서도 히트펌프 기술을 비롯해 수열에너지의 적용성을 높이기 위한 기술개발에 지속적인 예산투자와 제도적 지원을 해나가야 할 것이다.

03

탄소흡수원 확보를 위한
수변 브라운필드의 녹지 전환

녹지의 탄소저감 효과

대기의 탄소 농도 증가는 주로 화석연료의 연소와 녹지 훼손으로부터 비롯된다. 수목과 토양을 포함하는 녹지는 수목의 생장 과정에서 대기의 탄소를 흡수하고 토양의 탄소 축적에 기여하므로, 기후 변화의 영향을 지연 또는 완화하는 탄소흡수원의 중요한 역할을 담당한다. 녹지에 의한 탄소저감 효과의 증진은 기존 수목의 정상적 생장은 물론 신규 수목식재를 필요로 한다.

하천 수변구역은 제한된 국토공간 내에서 상당한 규모의 녹지를 조성하고, 거점녹지와의 연결성을 확보할 수 있는 잠재성이 높은 공간이다. 미국의 경우 현재 약 169만 ha의 수변녹지가 분포하고 있으며, 이는 매년 4.7Tg에 달하는 탄소흡수원의 역할을 하고 있다.

한강, 금강, 낙동강, 섬진·영산강의 수변녹지 조성지를 대상으로 한 연구에서 100m²당 식재수목의 탄소저장량은 평균 8.2톤/ha이었고, 탄소흡수량은 평균 1.7톤/ha였으며, 토양의 탄소저장량은 평균 1.5톤/ha로 조사됐다.

녹지면적 증대를 통한 탄소저감 효과뿐만 아니라 수생태계 서식처 연결성 확보, 강우 시 하천으로 유입되는 비점오염원의 자연저감 등의 효과를 동시에 가질 수 있는 수변녹지를 수변에 방치되어 있는 브라운필드에 조성하여 탄소흡수원의 역할과 동시에 주민친화적 생태공원을 요소요소마다 확보할 필요가 있다.

브라운필드는 전통적으로 버려지거나 저이용 상태에 있는 토지를 의미하며, 낡은 발전소와 산업시설, 매립지, 버려진 광산 등이 주로 해당된다. 수변 인근의 브라운필드를 활용하여 탄소흡수원 역할을 담당하는 녹지를 조성함으로써 장기적으로 하천과 수변구역, 주변 산림과의 연결성을 확보하고 녹지의 면적을 단계적으로 확대해야 한다.

캐나다 수변의 브라운필드 녹지 전환 사업

캐나다는 브라운필드에 대해 전국적인 재개발 사업을 활발하게 추진하고 있다. 특히 지역경제 활성화와 지역주민을 위한 공공 어메니티, 탄소 저감을 위한 탄소 흡수원 확대 등의 목적을 위해 브라운필드를 활용한 녹지네트워크를 구축 중이다.

캐나다의 브라운필드 재개발에 대한 최근 연구에서 브라운필드 재개발에 지출되는 예산 1달러당 약 3.80달러의 총 경제 생산량이 발생하는 것으로 나타났다. 이에 캐나다 브리티시컬럼비아주는 브라운필드 재개발 가이드라인을 마련하여 브라운필드 재개발의 결과로 지역사회와 지자체가 활용할 수 있는 환경적, 경제적, 사회적 혜택을 제시하고, 브라운필드 복원을 위한 방법론을 제공하고 있다.

캐나다 브리티시컬럼비아주 브라운필드 복원 사례(좌 : 복원 전, 우 : 복원 후)

캐나다 캘거리 수변 브라운필드 복원 사례

우리나라에서는 아직 초보단계이기는 하지만 캐나다와 같이 국가정책으로 브라운필드 복원을 도입하기 위해서 하천 주변의 국·공유지 관리상황 및 산업화 과정에서 오염·훼손된 브라운필드 현황을 파악하는 것이 우선돼야 한다. 이를 기초로 브라운필드를 거점 수변녹지로 전환하고 생태벨트, 주변 산림과의 연결을 통한 네트워크 구축으로 도시 전체의 녹지면적 확대와 탄소중립에 기여하기 위한 중장기적인 계획 수립이 필요하다.

14장

국민을 위한
물관리를
하자!

01

누구를 위한
물관리인가?

국가 · 유역물관리위원회

　국가물관리위원회는 2018년 6월에 제정된 물관리기본법에 근거해서 2019년 8월 27일에 출범했다. 여기에는 4대강 유역의 유역물관리위원회가 포함되어 있다. 물관리위원회는 물관리 기능이 여러 부처에 분산되어 있던 이전의 정부 상황에서 부처 간의 정책을 효과적으로 조정할 수 있도록 국가 그리고 유역별로 행정위원회를 운영하자는 게 본 취지였다.

　물관리기본법은 환경단체에서 오랜 기간 주장해 온 물관리 일

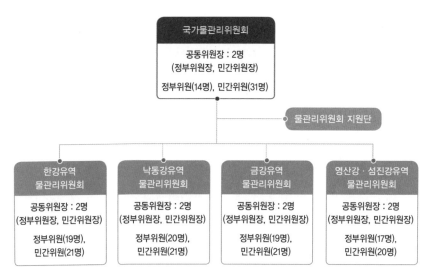

국가물관리위원회와 유역물관리위원회의 조직도

원화라는 인위적인 통합에 대안의 취지로 제안된 것이다. 2017년 상황을 다시 복기해보면 일부에서는 과거 김영삼 정부 때 총리실에 조정위원회를 운영하던 것과 비교해 장점이 많으므로 물관리위원회 설치를 찬성하는 반면에 정부조직 자체에 손을 대는 것에는 관심을 보이지 않았다.

비슷한 시기에 환경부 중심의 물관리 조직 통합이나 국토교통부 중심의 물관리 조직 통합을 주장하던 이들도 많았다. 이들은 물관리위원회 설립을 반대했는데, 만일 정부조직이 일원화하게 되면 이 거대한 행정위원회는 옥상옥이 된다는 입장이었다.

국토교통부의 수량·하천관리 기능과 환경부의 수질관리·상하수도 기능이 합쳐지면 한 부처가 지배적인 물관리 기능을 행사할 수 있기 때문이다. 부처 간에 정책을 조정할 게 농림축산식품부의 농업용수 관리 기능이나 행정안전부의 소하천 및 물재해 관리 기능만 남게 되는데, 위원급만 100명이 넘는 거대 조직과 사무국을 신설할 이유가 없다는 주장이었다.

정부조직법의 개정을 통한 환경부로의 물관리 일원화와 물관리기본법의 제정을 통한 국가물관리위원회의 구성은 상호보완이 아니라 취사선택을 했었어야 했다고 볼 수 있다. 하지만 국회의 여·야 간 교섭과정에서 환경부로의 수량·수질 일원화와 더불어 물관리기본법 제정까지 합의되었다. 이를 통해 환경부는 물관리 책임기관이 된 동시에 부처 간의 정책조정을 담당하는 국가·유역 물관리위원회의 지원기관이 됐다.

물관리 관계자들의 목소리

물관리기본법 제1조(목적)는 '이 법은 물관리의 기본이념과 물관리정책의 기본방향을 제시하고 물관리에 필요한 기본적인 사항을 규정함으로써 물의 안정적인 확보, 물환경의 보전·관리, 가뭄·홍수 등으로 인하여 발생하는 재해의 예방 등을 통하여 지속가능한 물순환체계를 구축하고 국민의 삶의 질 향상에 이바지함을 목적으로 한다'라고 되어 있다. 즉, 물관리의 궁극적인 목적은 국민의 삶의 질 향상에 이바지하는 것이다.

물관리기본법이 제정되고 물관리 일원화라는 큰 변화가 생긴 배경에는 이명박 정부 때 추진된 4대강 사업의 영향이 절대적임을 부인할 수 없다. 이명박 대통령의 공약이었던 한반도 대운하가 많은 반대에 부딪히자 4대강 정비로 방향을 전환했다. 이때 충분한 여론 수렴 없이 정부 주도로 일사천리로 사업이 진행되면서 당시 야당과 환경단체들의 극심한 반대와 저항을 불러왔다.

정부 주도의 전격적인 사업 추진으로 인해 이명박 대통령 임기 말인 2013년 초 사업은 준공되었지만 현재까지 감사원 감사만 4차례 있었을 정도로 많은 논란이 있었다. 야당과 환경단체들은 4대강 사업 준공 이후에도 사업 효과에 대한 의문을 제기하며 중책을 맡았던 국토교통부를 지속적으로 비판했다.

2017년 5월 장미대선에서 승리한 문재인 대통령은 환경단체들의 주장을 수용하면서 행정명령으로 물관리 일원화를 지시하고, 2018년 6월 국토교통부의 물 관련 업무가 환경부로 이관되기에 이른다.

이와 같은 과정을 지켜보면서 많은 이들은 앞으로 물관리가 4대강 사업과 같은 정치논리에 휘둘리지 않게 될 것이라 생각했다. 이제는 국민의 삶의 질 향상을 위해 물관리 정책이 전개될 것이라 기대했다. 그런 취지에서 물관리기본법 제정과 함께 다양한 제도정비가 뒤따를 것으로 판단했다.

하지만 지금의 상황은 여전히 혼란스럽다. 환경단체에서 주장했던 4대강의 재자연화(4대강 보 철거)도 수차례의 조사와 논의가 있었지만 현 정부에서는 마무리되지 못할 것 같다. 2020년 8월 폭우 때 큰 피해를 입은 지역의 완전한 피해보상과 수해 방지대책의 집행까지는 오랜 시간이 걸릴 것으로 예상되고 있다.

이 과정에서 물 관련 관계자들의 목소리가 쏟아지는데 과학적이고 기술적이며 냉정한 판단보다는 정치적이고 지역 이기주의 수준의 반대에 더 귀를 기울이는 모습들이 만연했다. 전문가들의 면밀한 검토와 검증을 통해 제시된 의견들이 본인들의 이해와 맞지 않는다면 묵살이 되는 상황들도 반복됐다.

'통합물관리 시대 하천정책 전환 온라인 토론회', '공유하천 공동관리를 통한 남북협력방안 토론회', '통합물관리 시대, 하천관리 어떻게 할 것인가?', '통합물관리 2년의 성과와 한계, 그리고 미래를 위한 제언', '통합물관리 시대, 탄소중립 어떻게 해야 하나?', '기후위기 시대, 통합물관리 원칙에 부합하는 통합하천법 토론회', '새로운 하천 유지관리체계 구축 방향은?', '하천관리 일원화, 올바른 정책방향은?', '통합물관리와 국가물관리기본계획', '한강 자연성 회복' 등.

위에 열거한 다양한 주제의 토론회, 심포지엄, 포럼 등은 2021년 상반기에만 진행된 하천관리와 관련된 여러 행사의 일부에 불과하다. 이 행사들의 주최 및 주관도 국가물관리위원회, 국회물포럼, 한국환경한림원, 다수의 국회의원, 한국강살리기네트워크, 국토교통부, 한국환경정책평가연구원, 한강유역물관리위원회 등 너무도 다양하다.

국가적으로 중요한 정책이나 방향에 대해 여러 목소리를 듣는 것은 당연하다. 하지만 수많은 행사들과 그 속에 개진되는 스펙트럼 넓은 의견들이 국민의 삶의 질을 향상시키는 데 얼마나 도움이 되는지 차분히 생각해 볼 필요가 있다.

물관리 관계자들은 현 정부의 물관리 일원화 추진 과정을 보면서 물관리의 변화는 결국 정치적인 역량으로 가능하다고 인식하게 되었으며 국회나

2018년 6월 환경부가 발표한 국민에 대한 약속

정부를 더 많이 의존하게 되었다. 기초연구에 집중했던 학자들의 전문성보다 시민환경운동에 관여했던 학자들의 정치적 주장이 물관리 변화에 더 큰 영향을 끼치고 있다.

현재 진행되는 물관리 정책에서 느껴지는 이미지는 비전을 선포하고 행사를 개최하며 보도자료를 발표하는 모습이다.

환경부와 국가물관리위원회, 관련 시민환경단체 입장에서 물관리 일원화, 통합물관리 등의 긍정적 효과를 알리고 싶은 심정은 이해된다. 그러나 국민들 입장에서는 수도꼭지에 맑은 물만 잘 나온다면 주관부처가 어디인지, 통합물관리가 무엇인지 크게 개의치 않을 것이다. 진정 국민들을 위한 물관리는 국민들 삶의 질을 변화시켜주는 물관리일 것이다.

절차적 민주주의를 위한 물관리?

최근 물관리 정책의 중요한 특징은 거버넌스에 대한 강조다. 이번 정부 초기부터 정부 문건 여기저기에 '참여 민주주의' 또는 '참여 거버넌스'가 강조됐다. 탈원전 공론화위원회는 유사한 사안에 대한 정부의 '게임 규칙'이 무엇인지 분명히 보여주었다. 물관리 분야에서도 연구나 분석을 수행하는 과정부터, 결과를 정책화하는 과정, 심지어는 만들어진 정책안을 의사결정하는 과정까지 다양한 형태의 거버넌스가 끊임없이 작동되고 있다. 시민이 참여하는 민주적인 물관리를 위해 수많은 위원회와 협의체를 구성하고 이들이 모든 정책 결정에 개입하는 과정을 공론화라고 부르고 있다.

국가나 지자체에서 물관리와 관련된 의사결정을 할 때 이런 식의 절차가 절대적으로 필요할까? 정책방향이나 정책대안에 다

4대강 보 처리방안 마련을 위해 2018년 8월부터 가동하고 있는 4대강 자연성 회복을 위한 조사·평가단. 약 15명의 민·관 기획위원회, 40명이 넘는 민간 전문위원회 외에도 수계별·보별 민관협의체 등이 조직 및 구성되어 있다.

양한 의견을 청취하는 일은 당연히 중요하다. 하지만 정책 수립 전 과정에 모든 이들이 개입해서 제동을 건다면 공무원이 제대로 된 정책을 만들 수 있을까? 책임 있는 공무원이라면 소신을 가지고 정책을 개진하고 균형 있게 의견을 들어본 뒤에 가장 적절한 최종안을 만들어야 한다.

4대강 보 철거, 아라뱃길 기능 재조정, 영주댐 기능 평가 등 물관리와 관련된 각종 사안들에 '○○조사·평가단', '○○위원회', '○○협의체', '○○자문단' 등의 참여가 빠지지 않는다. 하지만 이런 일들은 대부분 국유재산 관련 법률에 따라 해당 시설의 관리청이 과학이 허락하는 범위에서 기능과 효용을 가장 엄격하게 평가하고 사회 수용성을 고려해서 신중하게 결정한 후 행정처리를 하면 끝날 일들이다.

시민환경단체의 역할도 중요하다. 국가나 기업 등이 만들어내는 부당한 정책이나 계획에 대해 시민환경단체들이 이의를 제기하고 개선하도록 요구하는 노력은 정말로 필요하다. 더 나은 사회로 가기 위해 중요한 부분이다. 하지만 그 단계를 지나 높은 전문성과 통찰력이 요구되는 순간에도 과거와 같은 수준의 이념적 논쟁만이 남아 있다면 미래지향적인 발전이 어려울 것이다.

현대사회는 갈수록 다양해지고 첨단기술을 필요로 하는 분야가 폭발적으로 늘어나고 있다. 사회 전 분야가 적극적으로 첨단기술을 흡수하고 규제를 타파하면서 산업변화를 꾀하는 이 중차대한 시기에 물관리도 첨단기술 중심의 사회발전 흐름을 간과해서는 안 된다. 더 수준 높은 전문성을 바탕으로 미래지향적인 물관리를 위해 노력해야 한다.

칭기즈 칸(Chingiz Khan)의 몽골제국은 엄청난 크기의 땅을 정복해서 세워졌다. 여기에는 다양한 민족과 문화가 있었으며, 제대로 통치하기 위해서 정치와 경제에 대한 식견도 필요했다. 이때 나타난 사상가 야율초재(耶律楚材)는 칭기즈 칸의 아들이자 몽골제국의 2대 황제인 오고타이에게 "천하를 말 위에서 얻을 수는 있지만 말 위에서 다스릴 수 없습니다"라고 충고했다. 이 말을 받아들인 오고타이는 이후 제국을 다스릴 수 있는 법과 제도를 만들어냈고, 오랜 기간 몽골제국이 융성할 수 있는 기틀이 됐다.

4대강 사업의 불합리를 지적하고 물관리 일원화라는 제도 변화를 이끌어오는 과정에서 시민환경단체의 역할은 지대했다. 그 노력은 많은 이들의 지지를 받을 수 있었다. 앞으로도 말 위에서 천하를 다스리고자 하는 모습이 아닌 비판적인 입장에서 정부의 물관리 정책을 감시하고 건설적인 대안을 제시하는 책임 있는 시민환경단체들의 모습을 기대한다.

02

미래지향적인
물관리를 하자!

인위적인 통합물관리는 아니다

모두가 통합물관리를 말하고 있다. 통합물관리가 정말 우리가 지향할 방향인가? 통합물관리를 위해 전개하는 대책들이 제대로 된 정책인가? 통합물관리는 궁극적으로 실현 가능한 것인가? 일종의 '사회실험'을 하려면 이런 의문들은 당연히 사전에 제기돼야 한다.

1992년 6월 브라질 리우에서 있었던 '환경과 개발에 관한 리우선언'을 시작으로 '지속 가능한 개발'이라는 개념이 일반화됐다. 그리고 이때 채택된 아젠다 21(Agenda21)에는 '통합수자원관리 (Integrated Water Resources Management, IWRM)'의 필요성이 제기되었다. 통합수자원관리에서는 하천의 수량, 수질, 환경생태를 동시에 고려한 유역단위의 통합운영을 추구했으며, 지표수와 지하수 등의 통합관리, 정보의 공유 및 통합관리시스템 구축, 이해관계자들의 자발적 참여를 통한 유기적인 협조체계 구축 등이 핵심적인 전략으로 제시되었다.

2010년대 중반부터 한국수자원공사를 중심으로 '통합물관리' 라는 번역으로 그 개념이 적극적으로 전파됐다. 지속 가능한 물 이용을 위해 수량, 수질, 생태, 문화(주민)를 고려하여 유역 등 효율이 극대화되는 단위로 통합관리하자는 것이었으며, 수자원 이용의 사회적 효용을 극대화하기 위해 수자원뿐만 아니라 수자원과 직·간접적으로 관련된 모든 자원관리까지 함께 발전시키는 과정으로 소개되었다.

이렇듯 통합수자원관리나 통합물관리의 개념은 물을 중심으로, 물이 흐르는 유역을 중심으로 물과 관련된 수량과 수질, 환경, 생태, 문화 등을 종합적으로 고려하자는 취지였으며, 특히 이제는 유한한 자원인 물을 지속 가능하게 하기 위해서는 어느 한쪽만이 아닌 물의 다양한 측면을 함께 관리하자는 시도였다.

이에 반해, 통합물관리를 주장하면서 진행된 우리나라의 물 관리 일원화는 물 관련 정부 조직의 일원화로 추진되면서 국토교통부에서 담당하던 수량관리를 수질을 관리하던 환경부에 몰아

국가물관리위원회 홈페이지의 첫 화면에 제시된 '지속 가능한 통합물관리!'

주는 형태로 진행됐다. 물과 유역을 종합적인 관점에서 관리하기 위해 영국 등의 유럽 사례를 들어가면서 정부부처들이 지닌 개발과 규제 기능을 통합하는 겉모습을 갖춘 것이다.

우리가 살고 있는 국토는 대한민국의 영토의 일부면서 어느 지자체에 소속된 행정단위이며 유역*에도 속해 있다. 경기도 양평군에 거주하는 사람은 대한민국 국민이면서 경기도 양평군의 주민이며, 한강 유역에 속한 땅에서 살고 있다. 이 사람은 깨끗한 물을 마시며 쓰고 물로부터 안전하면서 쾌적한 삶을 즐겨야 한다. 이런 환경을 조성하려면 많은 사람들이 참여한 다양한 노력들이 함께해야 한다.

---

* 강수로 인해 하천의 임의 단면에 위치한 출구지점에 유출을 발생시키는 지역의 범위

물은 살아있는 생명체와 같다. 하늘에서 떨어진 강수*는 지 표면을 따라 흐르면서 일부는 땅으로 침투하고 일부는 하천으로 모여 하류로 내려가서 바다로 들어간다. 이 과정에서 인간을 포 함한 모든 생명체가 살아갈 수 있도록 이용되고 증발을 통해 대 기 중으로 돌아가서 다시 구름이 되어 하늘로 올라간다. 지구가 생긴 그 순간부터 끊임없이 반복되는 물의 순환이다. 인간이 행 정조직을 통합한다고 해서 이런 물을 통제할 수 있을까?

마이클 크라이튼(Michael Crichton)의 대표작인 『쥬라기 공원 (1991)』에는 인간이 만든 공원에 공룡을 가두고 관람객에게 개방 하겠다는 계획이 나온다. 수학자 인 이안 말콤 박사는 이 계획에 대해 "이런 식으로 생명을 통제 하는 것은 불가능합니다. 진화의 역사가 우리에게 준 교훈은, 생 명은 절대 통제할 수 없다는 거 예요"라고 말한다. 물을 인위적 으로 통합관리하려는 실험을 시 도할 수 있다. 하지만 생명체와 같은 물의 통제 가능성에는 물 음표가 달릴 수밖에 없다.

소설을 영화화한 〈쥬라기 공원〉에서 이 안 말콤 박사를 연기한 제프 골드블럼(Jeff Goldblum). 말콤 박사는 카오스 이론을 바탕으로 생태계와 환경의 예측 불가능한 특성에 대해 이야기한다.

---

* 구름이 응축되어 지상으로 떨어지는 모든 형태의 수분. 비, 눈, 우박, 이슬, 서리, 진눈깨비 등

스티븐 솔로몬(Steven Solomon) 은『물의 세계사(2013)』에서 역사적인 물의 가치와 역할에 대해 설명하면서 "물은 강대국의 흥망, 국가 간의 관계, 현존하는 정치경제 체제들, 그리고 평범한 사람들의 일상생활을 규제하는 핵심 조건들에 강력한 영향을 미친다"고 주장했다.

또한 현재의 글로벌 환경에서 물의 중요성과 역할을 다음과 같이 매우 높게 평가했다. "어느 시대를

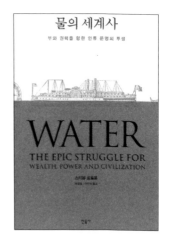

『물의 세계사』. 인류 문명의 진화에서 물의 역할과 중요성을 살폈다. 물을 제대로 잘 이용한 세력이 문명을 이루고, 발전을 이끌었다고 설명한다.

막론하고 우위를 차지하고 있는 사회는 적응이 느린 사회에 비해 더 생산적이고 더 큰 규모로 수자원을 이용한다. 수자원 기반시설을 유지하는 데 실패하거나 물 관련 장애를 극복하고 잠재적 이용 가능성이 있는 물을 끌어다 쓰는 데 실패한다는 것은 쇠퇴와 정체의 표시였다." 특히 고대문명부터 현재까지 수자원 기반시설의 시대적 역할 변화를 살펴본 뒤 "물의 힘은 문명의 발전에 전환점을 제공했다"는 사실을 확인했으며, 이것은 '물과 관련된 기술의 혁신'이 동반되면서 함께 이루어졌다고 말했다.

'지속 가능한 통합물관리'는 효율적이고 친환경적인 느낌을 주는 표현이다. 그래서 인간의 무분별한 개발로 인해 진행된 기후위기에 따른 물문제를 해결할 수 있는 건강한 방안인 것처럼 보

인다. 하지만 지금 추구하는 통합물관리가 미래를 위해 진정 필요한 '우리 사회의 발전을 위한 전환점으로서의 물'의 역할을 만들어내고, '물과 관련된 기술의 혁신'을 유도하는 방안인지를 모두가 공감할 수 있어야 한다. 무작정 따라가야 할 목표인지에 대해 우리 모두의 냉정한 고민이 필요한 부분이다.

인력과 산업의 육성이 필요하다

물관리를 책임지게 된 환경부와 국가물관리위원회는 물관리 정책의 전반을 조망하면서 4대강 사업 추진방식과 같이 과거의 잘못된 문제도 살펴봐야 하겠지만, 미래를 위한 준비와 정책적 지원도 신경을 써야 한다. 물관리 기능 중에서 과거 국토교통부에서 맡아 오던 수자원 분야는 이번 정부 들어서 심각한 침체기를 겪는 것으로 보인다.

수자원을 전공하려는 대학원생은 계속해서 감소하고 있다. 정확한 통계자료가 없어 수치를 언급할 수 없지만, 주요 대학의 연구실들을 봐도 과거에 비해 이 학문의 선호도가 크게 떨어졌다는 느낌이 든다. 여기에는 지난 정부 말에 수자원 분야 연구개발사업의 상당 부분이 중단(일몰)되었는데, 이번 정부 들어서 계속 방치된 탓도 하나의 원인으로 보인다. 학생들이 선진국과 경쟁하면서 진취적인 연구를 수행할 토대가 상당히 무너졌다는 목소리도 자주 들을 수 있다. 2020년 수해 발생 직후인 9월에 서울대 김영오 교수는 중앙일보를 통해 〈환경부는 왜 홍수 대응에 실패했나?〉라는 시론을 기고한 바 있다. 다음은 기사의 일부를 발췌한 내용이다.

"미래지향적 기술 개발은 한 걸음도 나가지 못했다. 기후 변화로 인한 기상이변은 새로운 치수 기술과 정책을 요구한다. 예컨대 인공위성 활용 홍수 예측 기술, 센서 활용 제방 붕괴 모니터링 기술 등이 포함된다. 그러나 물 관련 재해 분야 국가 연구·개발(R&D)은 어떤 이유인지 모르지만 지난 2년 동안 멈춰서 있다. 물 관리 주무부처의 이관 말고 다른 이유를 찾기에는 공교롭게 시기가 겹친다. 어렵게 쌓은 대한민국의 치수 분야 과학기술의 전문성 상실을 손 놓고 지켜보는 심정은 착잡하다."

현재 환경부는 몇 가지 수자원 R&D를 진행시키고 있는데 모두 과거 국토교통부의 물관리사업 중에서 일몰되지 않고 넘어온 사업에 불과하다. 환경부가 뒤늦게 수자원 분야의 R&D 기획을 시도했으나 국가 예비타당성 조사의 문턱도 넘지 못하고 있다. 과학기술 발전방향을 거스를 수 없으므로 환경부가 현재 기획하는 연구주제의 상당 부분은 국토교통부에서 2017년에 고민하던 주제를 완전히 벗어날 수는 없을 것이다. 모든 일이 잘 풀려서 2023년이나 2024년에 연구가 착수된다고 하더라도 급변하는 디지털 혁명의 시대에 5~6년의 세월을 그냥 흘려보내게 된 것이며, 국가 기술 경쟁력이 뒤처지는 상황은 되돌릴 수 없게 되었다.

민간산업에 눈을 돌려보면 수자원과 하천과 관련된 산업은 설계, 시공, 점검·진단 등 전형적인 건설과 엔지니어링 부분에 해당하는데, 큰 사업물량은 지역·도시 개발이나 산업단지 개발에 맞춰 발생하기 때문에 현재의 수자원 정책방향은 업계 종사자들에게 불편할 수 있다. 그래도 산업이 지속·발전된다면 현 상황에 순응하는 데 큰 문제가 없을 것이다. 건설업 조사에 대한 국가통계가 아직 갱신되지 않아 제대로 된 분석을 할 수 없지만, 2018년과 2019년의 실제 공사액(원도급·하도급 총계) 자료를 비교해 보면 다음과 같은 점을 알 수 있다.

우선, 2018년 중순에 환경부로 관리가 넘어간 댐의 경우 2018년에 3,827억 원이었던 사업의 규모가 2019년에는 1,609억 원으로 반 토막이 났다. 여기에는 해외사업의 실적 부진이 더해진 영향도 있다. 이에 반해, 국토교통부와 행정안전부에 남아 있던 치수(하천)사업의 경우 2018년 1조9,554억 원에서 2019년 2조3,872억 원으로 사업 규모에 큰 변화가 없었다.

2020년 이후 통계가 나오면 제대로 살펴볼 수 있겠으나, 건실하고 기술 집약적인 수자원 분야의 민간산업이 하루아침에 수축될 수 있다는 불안감이 있다. 과도한 경쟁하에 대관업무 의존도가 심화될 수 있다는 걱정도 존재한다. 게다가 지난 몇 년간 안전 관련 분야 공무원 채용이 대거 늘면서 산업의 젊고 우수한 기술인력이 급속도로 유출되는 상황도 겪고 있다.

한국물산업협의회 홈페이지

환경부가 물산업협력과라는 부서를 수자원정책국 아래에 두고 있음에도 불구하고 수자원 분야의 민간산업을 육성하고 지원할 구체적인 계획을 세웠다는 이야기를 들은 적은 없다. 수자원 분야 기업들이 개척할 만한 대규모 해외시장을 발굴했다는 이야기도 아직까지 들리지 않는다.

2018년 12월 물관리기술 발전 및 물산업 진흥에 관한 법률이 시행되어 한국물산업협의회가 수자원정책국의 지원을 받는 법정기구가 됐다. 하지만 협의회에 수자원 분야의 민간산업, 협회, 학회 등이 포함된 것인지는 의문이 든다. 협의체 홈페이지를 접속해서 회원 현황을 살펴보면, 환경부에서 생각하는 물산업은 기존의 상하수도 분야에 국한된 것임을 짐작할 수 있다.

균형 있는 물관리를 하자!

물관리 일원화의 진행과정에서 가장 많이 언급된 용어가 수량과 수질의 통합이다. 국토교통부의 수량관리와 환경부의 수질관리가 이원화된 이유로 하천과 저수지에 '녹조라테'가 발생하는 등의 문제가 있으므로 수량·수질의 통합관리는 필수라는 논리도 있었다. 그렇다면 현재의 물관리에서 수량과 수질의 비중은 어떨까? 일원화된 물관리는 어떤 모습일까? 2020년 환경부 물관리 분야 업무계획을 살펴보자.

2020년 환경부 물관리 분야 업무계획

비전	인간과 자연이 함께 누리는 건강한 물 구현
3대 국민체감 핵심과제	**1. 유역별 통합물관리로 물이용 갈등 해소**
	■ 낙동강 통합물관리 방안 확정하여 낙동강 상수원 불안 해소 (수질개선) 구미·성서산단 폐수무방류시스템 도입 등 (물 배분) 대구·부산·동부경남지역 물 배분 대안 마련 ■ 영산강·섬진강 통합물관리방안 마련
	2. 물관리 혁신으로 깨끗한 수돗물 공급
	■ 빅데이터를 활용한 상수도 스마트 관리체계 구축 • 취수원 수질예측–정수장 자율운영–수돗물 공급 전과정 실시간 감시체계 구축 ■ 상수도 시설 생애주기 관리시스템 도입 ■ 기존 노후상수도 정비사업 국비 조기 투입(8,481억 원, '24년 종료)
	3. 물분야 친환경 에너지 육성으로 미세먼지·기후 변화 대응
	■ 물분야 친환경 에너지 신사업 투자 및 관련 시장 지원 확대 • 수열에너지(강원 수열클러스터 등 5곳), 수상태양광(합천댐 등 5곳) ■ 하수찌꺼기를 이용하는 바이오가스 생산시설을 확대(12곳)

'인간과 자연이 함께 누리는 건강한 물 구현'이라는 비전 아래 3대 국민체감 핵심과제를 살펴보면 물관리 일원화 이전 환경부에서 수행하던 업무가 대부분이다. 낙동강의 통합물관리를 위해서 물 배분이라는 방안을 제시했지만 이것도 유역 내 물을 기존과 다르게 배분함으로써 문제를 해결했다는 의미로 판단된다. 가뭄을 대비한 신규 수자원의 확보나 홍수를 대비한 기존 치수시설의 정비 등은 찾아볼 수 없다.

2020년 전국적인 홍수를 겪기 직전에 물관리위원회의 요청에 따라 환경부에서 '물관련 법정계획 정비방안'을 만들어 여러 부처에 회람했는데 거기에는 아직 국토교통부에서 담당하는 하천기본계획의 수립을 없애는 내용이 있었다.

하천기본계획은 실질적인 하천의 홍수방어수준을 결정하는 수단으로서 여러 부처에서도 다양한 계획을 수립할 때 활용하게 된다. 환경부는 앞으로 치수사업을 인정하지 않겠다는 메시지로 읽혀 업계와 학계의 반발이 컸다. 심지어 몇 천 명에 달하는 업계 종사자들의 반대 서명도 있었다. 2020년 7월 21일 국회에서 물관련 법정계획 정비방안 토론회가 열렸는데, 당시 하천관리 업무를 담당하던 국토교통부가 참석하지 않았으나 패널과 청중의 반응만으로도 회의 결과는 명확했다. 이후에도 법정계획 정비안이 몇 차례 발표되었지만 더이상 하천기본계획 수립을 폐지하려는 움직임은 없었다.

수질과 상하수도 업무를 담당하던 환경부가 2022년부터는

2020년 7월 '물관련 법정계획 정비방안' 국회 토론회 후 참석자 기념사진

수량에 이어 하천도 관리하게 된다. 많은 이들의 우려처럼 기존 환경부의 물관리 업무에 수량과 하천관리 업무가 흡수되는 형태로 진행된다면 물관리 일원화의 근본 취지에 맞지 않는다. 기존 수질과 상하수도 업무도 적절히 수행하면서 관리 주체가 바뀐 수량과 하천관리 업무는 더욱 내실 있게 진행해야 함은 당연하다. 균형 있는 물관리가 필수적이다.

여기에 더해 국민의 관점과 입장에서 생각해야 할 부분이 있다. 국민은 물관리 업무를 누가 담당하는지에 대해서는 큰 관심이 없다. 국민은 물 문제에 대한 걱정이 없기를 바랄 뿐이다. 홍수와 가뭄, 수질오염, 붉은 수돗물 등이 없는 정주 환경을 기대한다. 이는 국민이 이런 상황에서 안전해야 함을 의미한다. 기후위기 시대에 접어들어 갈수록 심각해지는 집중호우 및 태풍으로 인한 홍수로부터의 안전, 장기간 비가 오지 않아 생길 수 있는 가뭄으로부터의 안전, 녹조가 발생하고 수질이 악화되어 생길 수 있는 생태계와 취수원의 안전, 언제 어디서든지 마시고 사용할 수 있는 수돗물의 안전 등이다.

수량과 수질의 균형 있는 관리 노력을 뛰어넘어 국민이 물과 관련된 재난으로부터 안전할 수 있는 물관리가 꼭 필요한 시점이다. 비욘드 워터! 그것이 미래지향적인 물관리의 시작일 것이다.

1부

곽승준·유승훈(1999). 영월 동강댐 건설로 인한 환경피해의 사회적 비용-자연보존의 화폐적 가치 추정. 고려대학교 경제연구소.

김동환·이성호(2020). 사회적 환경변화에 따른 정수기 기술의 진화, 한국환경기술학회지, 21(3), pp.240-248.

스티그 라르손 저, 임호경 역(2011). 불을 가지고 노는 소녀 1. 뿔.

스티븐 존슨 저, 강주현 역(2015). 우리는 어떻게 여기까지 왔을까. 프런티어.

엘리자베스 로이트, 이가람 역(2009). 보틀매니아. 사문난적.

연합뉴스. "기후정책 없으면 세기말 우리나라 52% 아열대 기후화". 2019년 11월 15일.

윤용남(2018). 물관리 일원화 조치내용에 대한 평가와 향후 대책방향, 한국수자원학회지(물과 미래), 51(7), pp.4-23.

전자신문. "아직 안 사신 분 있나요... 정수기, 호황시대 진입". 2020년 8월 13일.

한겨레신문. "'1초에 원자폭탄 4개' 폭발열 수준... 바닷물 온도 사상 최고". 2021년 1월 14일.

한국수자원공사(1997). 영월 다목적댐 건설사업 환경영향평가서.

감사원(2018). 재난정보 공유, 전파실태(홍수, 산사태, 화학사고를 중심으로). 감사보고서.

강정은·이명진·구유성·조연희(2014). 도시물순환 개선을 위한 그린인프라 계획 프레임워크 개발 및 시범적용(부산시 연제구 및 남구를 대상으로), 환경정책연구, 13(3), pp.43-73.

경향신문. "노후 인프라, 언제 터질지 몰라 무섭다". 2019년 9월 28일.

관계부처 합동(2019). 지속가능한 기반시설 안전강화 종합대책.

국토교통부(2012). 지구촌 물현황. 국토교통부 정책자료.

국토교통부 보도자료. "국지성 호우 홍수에 더 안전한 하천 만든다". 2019년 1월 14일.

국토교통부 보도자료. "하천의 가치를 활용하여 도시를 재생한다". 2017년 3월 15일.

국토연구원(2020). 하천의 홍수방어목표 적정성 제고방안. 국토정책 Brief No.774.

국회입법조사처(2020). 기후변화 대응 도시홍수 대책. 입법·정책보고서.

김혜애(2006). '댐'을 반대하는 이유. 녹색연합.

동아사이언스. "기후변화가 세계 강의 흐름을 바꿨다". 2021년 3월 15일.

동아일보. "'수돗물 마실 수 있다' 만들어야". 2018년 3월 22일.

머니투데이. "日 터널사고 사망자 9명... 두세달 전 정밀점검". 2012년 12월 3일.

물산업신문. "환경부, '여름철 녹조대책' 본격 시행". 2021년 7월 12일.

박종준(2019). 「지하수법」상 지하수 오염방지 제도의 문제점과 개선방안, 환경법연구 제41권 제1호, pp.37-75.

박혜경(2014). 녹조의 발생원인과 저감대책, 환경정보 No.412, pp.17-21.

서울특별시(2016). 건강한 물순환 도시 이야기.

서울신문. "한국인 10명 중 1명만 수돗물 음용... 젊고 소득 높을수록 '안 마셔'". 2020년 1월 14일.

연합뉴스. "'물 폭탄 맞은 서울' 광화문 등 곳곳이 물바다". 2010년 9월 21일.

연합뉴스. "연평균 홍수피해 3천200억... '피해원인-대책 비슷, 홍수정책 필요'". 2020년 8월 10일.

원인희(2000). 지하수법의 개정방안, 대한지하수환경학회지 제7권 제2호, pp.97-102.

이상은(2019). 국토 여건변화에 따른 하천관리 주요 현안과 정책과제, 국토정책 Brief No.708.

이승수·이문환·강형식(2020). 2020년 홍수 현황과 항구적 대책 방향, KEI 포커스 제8권 제14호.

이승주·윤성준·이준규(2019). 지역별 방재성능 목표에 대한 고찰, 유신기술회보 제26호, pp.97-107.

제주일보. "지하수 고갈 위험... 제주도, 통합 물관리 체계 구축". 2020년 11월 11일.

조만석·김창현(2020). 주민친화적 하천관리를 위한 성과지표 도입 및 정책적 활용방안, 국토정책 Brief No.751.

조선일보. "폭우 예보에도 비우지 않는 댐... 섬진강 범람은 누구 책임인가". 2020년 8월 29일.

중앙일보. "美 미시시피강 교량붕괴". 2007년 8월 1일.

충청북도(2018). 미호천, 괴산댐의 근본적 대책을 위한 연구용역 보고서.

한겨레. "7~8분 전에 방류 통보... 섬진강댐 지키려다 수해 쑥대밭". 2020년 8월 11일.

한겨레. "우리는 왜 수돗물을 마시지 않게 되었나". 2019년 7월 13일.

한국수자원공사 국가지하수정보센터.

한혜진·이병현(2014). 녹조 위험인식 분석결과와 정책 시사점, KEI 포커스 제2권 제5호.

환경미디어. "기후위기 속 물관리, 통합적 하천관리가 중요". 2021년 3월 7일.

환경부(2018). OECD '물거버넌스 이행 프레임워크' 보고서.

환경부(2019). 제1차 물관리기술 발전 및 물산업 진흥 기본계획 고시.

환경부(2020). 2019년 기준 물산업 통계조사 보고서.

환경부(2020). 2019년 홍수피해상황조사.

환경부(2020). 지하수조사연보.

환경부 물환경정보시스템.

환경부 보도자료. "2050년 일부 유역의 홍수규모 최대 50% 증가 예상". 2020년 9월 21일.

환경안전건강연구소. "기후변화 대응 빗물관리 프로젝트, RISA". 2021년 3월 6일.

환경일보. "'지하수 오염' 정의 없이 보낸 26년, 과거 벗어야". 2021년 7월 14일.

한국환경정책·평가연구원(2020). 통합물관리를 고려한 지속가능한 물순환 관리체계 구축 및 정책기반 마련 연구. KEI 연구보고서.

허종완(2020). 2020년 스마트 물관리 시장은 어디까지 왔고, 어디로 가는가?, 서울워터 제13호(통24호).

news1. "'페트병 홍수 대안' 수돗물 음용률 높일순 없을까?". 2021년 1월 2일.

OECD(2015). OECD 물 거버넌스 원칙.

3부

고익환 등(2002). 통합수자원관리 기반기술 구축방안(I), 한국수자원학회
　　지, 제35권 제6호, pp.61-70.

국토교통부(2016). 하천 유지관리 평가 및 개선방안 연구.

국토교통부(2018). 한국하천일람.

국토교통부(2018). 하천 점용제도 개선 및 표준매뉴얼 개발 연구.

국토교통부(2020). 통신 빅데이터를 활용한 국가하천관리 효율성 제고
　　방안 연구.

국토교통부(2020). 제1차 기반시설(국가하천) 관리계획.

국토해양부 보도자료. "국가하천관리, 이제 우리에게 맡겨주세요!-국토해
　　양부, 국가하천 보수원 130명 채용". 2012년 4월 30일.

국토연구원(2016). 도시안전을 위한 수자원 관리 기술.

국토연구원(2019). 그린 뉴딜(Green New Deal) 시사점과 한국사회 적
　　용: 기후위기와 불평등, 일자리 대안으로서 그린 뉴딜.

국회입법조사처(2016). 도시 인프라 시설의 노후 현황과 정책과제.

관계부처 합동(2016). 지속가능한 기반시설 안전강화 종합대책.

김슬예·김미은·김창현·이상은(2017). 실효성 있는 재해예방형 도시계획
　　을 위한 개선방향 고찰, 한국안전학회지 32(2), pp.124-131.

김종원(2017). 물 관리 정책의 핵심이슈와 정책제언, 물 정책·경제 28,
　　pp.5-15.

동아사이언스. "강력했던 2020년 장마는 과연 지구온난화가 주요 원인일
　　까". 2020년 8월 26일.

마이클 크라이튼(1991). 쥬라기 공원. 김영사.

박정수(2014). 바람직한 통합물관리(IWRM) 추진방향, 한국수자원학회
　　지, 47(8), pp.8-17.

법제처 국가법령정보센터.

서울연구원(2020). 서울시 수열에너지 이용 확대 전략.

스티븐 솔로몬 저, 주경철·안민석 역(2013). 물의 세계사. 민음사.

유엔(2019). 2019년 세계 물 보고서.

이경혁(2020). 디지털워터를 통한 새로운 물관리 패러다임 전환, 물 정책·경제 34, pp.5-19.

이상은·박태선·안승만·조혜원(2021a). 정량적 위험도 평가를 통한 하천 홍수방어목표 적정화 방안 연구, 국토연구원.

이상은·박진원·이동섭·이두한·김동현·이승오(2021b). 새로운 하천 유지관리를 위한 기술적·제도적 역량 강화 방안, 한국수자원학회논문집. 54(11).

이상은·김종원·한우석·이병재·이종소·김슬예(2018). 도시 침수지역 및 영향권 분석을 통한 재난안전 정책지원 시스템 구현(III), 국토연구원.

이종소·이상은·송창근·신은택(2021). 하천의 홍수방어목표 적정화를 위한 정량적 위험도 평가 적용: 하천 배후지역 이용현황에 따른 설계빈도 차등화를 중심으로, 국토연구 108, pp.37-48.

일본 국토교통성 홈페이지.

일본 미즈베링 프로젝트 사무국(2018). 미즈베링 비전북.

제러미 리프킨(2020). 글로벌 그린 뉴딜.

조현길·박혜미(2015). 수변구역 조성녹지의 탄소저감 효과 및 증진방안, 한국조경학회지 43(6), pp.16-24.

환경부 보도자료. "2050년 일부 유역의 홍수규모 최대 50% 증가 예상". 2020년 9월 21일.

환경부. 제1차 국가물관리기본계획(2021~2030).

British Columbia. The basics of brownfield redevelopment: A guide for local governments in British Columbia(http://www.

todayenergy.kr/news/articleView.html?idxno=234161)

Foley AM(2010). Uncertainty in regional climate modelling: A review. Progress in Physical Geography 34(5): 647–670.

Hallegatte S(2016). Natural Disasters and Climate Change: An Economic Perspective. Springer.

Jonkman SN, Vrijling JK, and Vrouwenvelder A(2008). Methods for the estimation of loss of life due to floods: a literature review and a proposal for a new method. Natural Hazards 46: 353–389.

SEPA(2016). Natural Flood Management Handbook. Scottish Environment Protection Agency.

Waylen KA, Holstead KL, Colley K, and Hopkins J(2018). Challenges to enabling and implementing natural flood management in Scotland. Journal of Flood Risk Management 11: 1078-1089.

US ACE(2020). Water Resource Policies and Autorities-Army Corps of Engineers Levee Safety Program. EC 1165-2-218.

출처 +

사진 및 자료 수록을 허락해 주신 모든 소장처에 감사드립니다. 미처 동의를 구하지 못한 작품인 경우, 출판사 측으로 연락을 주시면 동의 절차를 밟도록 하겠습니다. 또한 따로 출처를 표기하지 않은 자료는 퍼블릭 도메인이거나 저작권이 출판사와 저자에게 있습니다.

1부

303 이상은 등(2021b)

309 Post 코로나 시대의 물관리 혁신 토론회 "물관리의 녹색·디지털
전환" 자료 재구성

320 환경부 보도자료(2021. 03. 15)

321 환경부 보도자료(2021. 03. 15)

323 환경부 보도자료(2020. 06. 29)

324 환경부 보도자료(2021. 06. 28)

325 서울연구원(2020)

329 The basics of brownfield redevelopment: A guide for local
governments in British Columbia

330 https://www.stantec.com/en/ideas

333 국가물관리위원회 홈페이지

337 환경부 홈페이지

339 환경부 홈페이지

344 국가물관리위원회 홈페이지

345 Tinseltown/Shutterstock.com

346 민음사

350 한국물산업협의회 홈페이지

351 환경부 홈페이지(2020. 03)

한국수자원학회
KOREA WATER RESOURCES ASSOCIATION

저자

한국수자원학회(회장 배덕효)는 '물 관련 학술과 기술의 발전을 통해 사회 공익에 기여'를
목적으로 1967년에 창립됐다. 현재는 물을 연구하는 국내 대표 학회로서 21세기 "물의
시대"를 선도하기 위해 회원 모두가 노력하고 있다.

집필

한국수자원학회 온라인홍보위원회(위원장 안재현) 위원 중 산·학·연 전문가들이 참여해서
이 책을 집필했다.

마지막 집필진 회의 후 한국수자원학회
회의실에서.
왼쪽부터 이상은, 박진원, 안재현, 송주일.

안재현 서경대학교 토목건축공학과 교수, 공학박사
박진원 (주)이산 수자원부 상무, 공학박사, 기술사
이상은 국토연구원 안전국토연구센터장, 공학박사
송주일 (주)부린 부설연구소장, 공학박사

감수

한국수자원학회 윤용남 원로회의 의장이 이 책을 감수했다.

윤용남 고려대학교 명예교수. 前 한국수자원학회 회장

비욘드 워터

누구를 위한 물관리인가?

초판 발행 2021년 11월 23일

지은이 한국수자원학회
펴낸이 류원식
펴낸곳 교문사

편집팀장 김경수 | **책임진행** 성혜진 | **디자인** 신나리 | **본문편집** 우은영

주소 10881, 경기도 파주시 문발로 116
대표전화 031-955-6111 | **팩스** 031-955-0955
홈페이지 www.gyomoon.com | **이메일** genie@gyomoon.com
등록번호 1968.10.28. 제406-2006-000035호

ISBN 978-89-363-2280-9(93530)
정가 18,500원